减脂控糖饱腹餐

轻松享瘦

李融融　段佳丽　主　编

黄梨煜　黄付敏　副主编

U0241562

中国轻工业出版社

图书在版编目（CIP）数据

减脂控糖饱腹餐：轻松享瘦 / 李融融，段佳丽主编；
黄梨煜，黄付敏副主编. -- 北京：中国轻工业出版社，
2025.2. --ISBN 978-7-5184-5309-2

Ⅰ. TS972.161

中国国家版本馆 CIP 数据核字第 2024CN5431 号

责任编辑：赵　洁　　　　责任终审：劳国强　　设计制作：锋尚设计
策划编辑：付　佳　赵　洁　责任校对：朱燕春　　责任监印：张京华

出版发行：中国轻工业出版社（北京鲁谷东街5号，邮编：100040）

印　　刷：北京博海升彩色印刷有限公司

经　　销：各地新华书店

版　　次：2025年2月第1版第1次印刷

开　　本：710 × 1000　1/16　印张：9.5

字　　数：180千字

书　　号：ISBN 978-7-5184-5309-2　定价：49.80元

邮购电话：010-85119873

发行电话：010-85119832　010-85119912

网　　址：http://www.chlip.com.cn

Email：club@chlip.com.cn

学会"吃"，享受幸福人生

吃，是生命的基本需求，更是每个人每天都要面对的事情。然而，在现代快节奏的生活中，吃饭变得越来越仪式化和机械化。随着经济的发展和物质的丰富，大多数人都不会再忍饥挨饿了。很多人感受到的饥饿，不是真正的身体需要，而是心灵和情感的缺失。懂得如何去"吃"，不仅有助于身体健康，也能让心灵得到滋养，拥有更幸福的人生。

那么，如何才能学会"吃"呢？

首先，需要理解食物的本质。食物不仅仅是填饱肚子的工具，更是大自然赐予人类的宝贵资源。古往今来，食物的获取方式和加工方法都在不断变化，这背后承载了人类对于生存和幸福的不懈追求。同时，食物还是一座桥梁，连接着人与自然、人与自身的内在世界。

其次，在选择食物时，要有意识地做出正确的选择。现代食品工业发展迅速，各种形态的加工食品层出不穷，有些加工食品含有大量的添加剂、糖分和盐分，长期食用会对身体产生不利影响。因此选择天然、新鲜的食材，在家中自己烹饪，不失为一种健康的选择。

最后，要感受并感恩食物。食物不仅仅是满足口腹之欲的存在，"吃"应该是生活中的一种享受和体验。在每次用餐之前，花几秒钟时间，静静地感受食物的样子和气味。然后细嚼慢咽，用心去感受食物的味道，能够提升我们的幸福感和满足感。这一简单的习惯可以使每次吃饭变成一件无比幸福的事。

当代社会，饮食问题的关键已不在于是否能吃饱，而在于是否吃得健康，吃得幸福。现在的烹饪环境已发生了翻天覆地的变化，低质量食物挤满了餐桌，导致很多人身体肥胖，甚至产生一些慢性疾病，影响健康。这就需要我们更加关注食物的质量。

学会"吃"是一种生活的智慧：知道怎样分辨健康与不健康的食物，知道怎样选择更适合自己的食物，在饮食中寻找乐趣、感受幸福。

当我们真正理解并践行健康的饮食，自然会远离肥胖、疾病，拥有更加健康、快乐的人生。

目录
Contents

Part3

第三章

吃对主食，减脂控糖成功一大半

Part4
第四章

凉菜热炒，巧搭配营养好

Part5
第五章

汤羹茶饮，减脂控糖不可少

Part6
第六章

不同人群减脂控糖怎么吃

Part1
第一章

减脂控糖的那些
"饮食大坑",
你踩了几个

减重 = 减肥

在很多人的概念里，减重就是减肥，但其实二者是不一样的。减重是减轻体重，这个减掉的部分如果是水分、肌肉，那么即使体重减轻了，人也不会瘦，还可能导致身体出现健康问题。而瘦身真正应该做的，其实是减脂，即减掉身体里多余的脂肪。

要做到减脂，就需要根据自己的身体状况制订科学合理的饮食运动方案，同时关注体脂率，才能打造易瘦体质，维持身材和健康。

减肥 = 只吃水煮菜

蔬菜富含膳食纤维和维生素，水煮的方式少盐少油，符合减脂控糖的需要。

但一天三顿都吃水煮菜，容易缺乏蛋白质、碳水化合物以及脂溶性维生素，有可能出现营养不良、免疫力低下。肌肉也会流失较多，使得基础代谢下降，从而影响减肥效果。

看不见脂肪 = 低脂

很多人觉得减脂就是少吃油，日常生活中对食用油等看得见的油脂严防死守。但其实还有很多食物含有"看不见的脂肪"，比如花生、松子等坚果，还有榴莲、牛油果等水果，脂肪含量都不低。减脂期常吃的蔬菜沙拉里的沙拉酱，70%都是脂肪，日常饮食中都要注意。

在选择零食的时候也要警惕，有些商家为了推广，常常会打出"低脂"的幌子，千万不要被"非油炸""纯天然"等字眼骗了。比如有些标注"非油炸"的爆米花，仔细看营养成分表，脂肪含量甚至高达 50%。还有月饼、鲜花饼等，脂肪含量也在 40%~50%；有些面包和蛋糕里甚至还有反式脂肪酸。此外，速冻包子、饺子等食品，实际脂肪含量并不低，也要尽量少吃。在减脂期，一定要警惕这些看不见的油脂。

减肥 = 不吃零食

很多人觉得要减肥，就得戒掉一切零食，除了正餐一点零食都不吃，这有点过于绝对了。如果你日常有运动的习惯或从事体力劳动较多，那么正餐摄入的热量可能无法满足日常消耗，则需要在餐间补充点零食。

当然，要想吃着零食也不胖，在零食的选择上是很有讲究的。减肥期间选择零食的三原则是：低热量、饱腹感、稳定血糖。

日常推荐以下几类零食。

❶ 牛奶或低脂肪奶制品。建议在午餐和晚餐之间吃，或者晚餐后特别饿的时候吃一点。

❷ 新鲜低糖蔬果。比如黄瓜、番茄等，热量低，还能增强饱腹感，都是不错的选择。

❸ 坚果。坚果适合在早餐与午餐之间吃。但坚果热量高,摄入量应控制在 20 克以内。

减肥 = 不吃脂肪

很多减脂期的人看到脂肪就如临大敌,一点都不吃,这其实是不利于健康的。脂肪是人体器官组成和新陈代谢必要的物质,有些人体必需脂肪酸因自身无法合成,必须从食物中获得。

脂肪酸也分"好脂肪酸"和"坏脂肪酸",单不饱和脂肪酸、多不饱和脂肪酸是有利健康的"好脂肪酸",饱和脂肪酸好坏参半,而反式脂肪酸是不利健康的"坏脂肪酸"。了解不同脂肪酸的食物来源可以帮助我们在日常饮食中做出更健康的选择。

饱和脂肪酸大部分来自动物,如红肉、各种动物油脂(猪油、黄油等)、奶制品、蛋类等。某些植物油也含有大量饱和脂肪酸,如椰子油、棕榈油等。

单不饱和脂肪酸大多来自橄榄油、葵花子油、牛油果、某些坚果(如杏仁)。

多不饱和脂肪酸多来自植物油,比如菜籽油、玉米油、花生油、大豆油等,鱼油也含有大量多不饱和脂肪酸。

反式脂肪酸的主要来源是部分氢化处理的植物油,也就是我们常说的人造奶油。它被大量应用于市售包装食品中,比如蛋糕、威化饼干、薯条、奶油面包等,包装袋的成分表中有"代可可脂""植物黄油""氢化脂肪""人造酥油"等成分的都有反式脂肪酸。此外,高温处理的烹饪方式也会生成大量反式脂肪酸,所以煎炸、炭烤食物的反式脂肪酸含量也很高。

控糖 = 不吃碳水

碳水是碳水化合物的简称。食物里的碳水可以简单地分为两种：纤维类碳水（富含膳食纤维的碳水）和非纤维类碳水（淀粉、简单糖）。纤维类碳水进入人体后消化吸收的速度比较慢，不易引起血糖波动；而非纤维类碳水，在肠道中会被快速消化吸收，导致血糖升高。

纤维类碳水食物有全谷类粗粮、竹笋、菌藻类、魔芋等。

非纤维类碳水食物包括精米白面及其制品，如大饼、馒头、蛋糕、饼干、面包等，以及白砂糖、红糖、黑糖、果葡糖浆、玉米糖浆等精制糖。

日常说的"坏碳水"，通常指的是淀粉和精制糖。因为它们会使血糖飙升，让身体分泌大量胰岛素，因此也叫"快碳水"。与之对应，"好碳水"就是纤维类碳水，也叫"慢碳水"。

控糖，指的是控制碳水摄入，而非完全不吃！要想减脂瘦身，需要控制精制糖（包括简单糖）和淀粉类食物的摄入，比如白米饭、白馒头、面条、糖果、冰激凌等，适量多摄入富含膳食纤维的"好糖"，比如杂粮、根茎类蔬菜（土豆、玉米等），这样更有助于控制体重。

总之，从健康角度出发，摄入碳水的原则是：尽量不吃精制糖，多吃慢碳水（粗粮杂豆），少吃快碳水（精制米面）。

"无糖" = 低热量、更健康

市面上宣称的"无糖食品"，其实只是不含蔗糖、葡萄糖、麦芽糖等简单糖成分，但可能含有木糖醇等甜味剂。

在我国，"无糖"是指固体或液体食品中每 100 克或每 100 毫升的含糖量不高于 0.5 克。所以，所谓的"无糖"≠"零糖"。

而有的"无糖食品"为了增加口感，会加入很多脂肪类添加剂，使总热量严重超标，所以"无糖"≠低热量、更健康。

"不甜" = 低糖

很多人都觉得不甜的食物含糖量肯定低，是安全的。其实这是个具有迷惑性的误区。

拿水果举例，一般影响水果甜度的是其所含糖的种类，按甜度进行排序，果糖＞蔗糖＞葡萄糖，果糖含量高的水果比较甜。比如火龙果中的果糖较少，梨中的果糖较多，从口感上比较，后者更甜，但含糖量则是前者胜出。所以，不能单纯通过口味判断水果的含糖量。

同样，常用的市售番茄酱和甜面酱也是含糖大户，可它们的咸味更突出，不易被察觉。日常烹饪时也要注意控制用量，以免因为吃不出甜味而摄入过多的糖。

专题
关于减脂控糖，你该有的态度

减脂控糖，其实是对不良的生活习惯说"不"！有了这个觉悟，减肥才能真正落地。

很多人一提起减脂控糖，就觉得必须得忍饥挨饿，或者加大运动量。有过这类减肥经历的人往往身心备受煎熬，体重暂时下降后又复胖的"溜溜球效应"也会让人更痛苦。因此很多人把减肥当成一个苦差事，认为必须要有毅力，要对自己"下狠手"才能成功。

其实，减肥并不应该成为一个必须努力去达到的目的，减脂控糖的根本目的是养成良好的饮食习惯，从而拥有健康的身体，减肥是这个过程中顺便完成的。抱有这种心态，可能更容易坚持。

当然，也不能忽略遗传因素对减肥结果的影响。天生易胖体质的人在饮食和运动中付出同样的努力，可能依然无法瘦到和其他人一样的体型。所以，要放平心态，多关注健康，不必太在意体重。

要实现长期减脂，不能完全靠自律，靠日常养成的习惯更容易坚持，比如把不吃主食改为主食先减1/3，把不喝碳酸饮料改为一周喝一次碳酸饮料，把不吃炸鸡腿改为吃完炸鸡腿以后锻炼 10 分钟……这样循序渐进，慢慢改变，最后量变到质变，成功的概率更高。

切记，不要玩"一刀切"，觉得一夜之间就能脱胎换骨，给自己制定"魔鬼计划"，这样不仅不容易长期坚持，还容易产生逆反心理或抵触情绪，心态也容易崩溃。只有细水长流，日积月累的变化才更容易坚持，因为它不挑战人性。

能坚持下去很重要，找到适合自己并能够长期坚持的方法，这才是减脂控糖最重要的。

Part2
第二章

减脂控糖食材
红黑榜

减脂控糖红榜食材

燕　麦

热量	蛋白质	脂肪	碳水化合物
338 千卡	10.1 克	0.2 克	77.4 克

注：每 100 克可食部。

　　燕麦中含有丰富的膳食纤维和亚油酸，膳食纤维可以推迟人体对淀粉的消化吸收，从而延缓餐后血糖上升的速度；亚油酸有助于降低血胆固醇水平。对于减脂控糖人群来说，燕麦是非常好的主食选择，它虽然热量和碳水化合物含量不低，但饱腹感很强，与其他五谷杂粮搭配做成杂粮饭，对控糖有利。

 核桃燕麦粥

材料

燕麦、大米各 30 克，核桃仁 20 克，枸杞子少许。

做法

1 大米、燕麦洗净，燕麦提前浸泡 4 小时；枸杞子泡洗干净。

2 锅置火上，加适量水、大米、燕麦煮至粥熟，加入核桃仁、枸杞子略煮即可。

注：本书食谱分量均为 2~3 人份。食谱中所用植物油并未列入调料。

🍚 健脾杂粮饭

材料

大米 100 克，山药、小米、玉米糁、燕麦各 30 克。

做法

1 小米、玉米糁、燕麦分别洗净，浸泡 3 小时；山药洗净，去皮，切片；大米淘洗
　干净。

2 将所有材料倒入电饭煲，加适量水，煮熟成饭即可。

大白菜

热量	蛋白质	脂肪	碳水化合物
20 千卡	1.6 克	0.2 克	3.4 克

注：每 100 克可食部。

　　大白菜热量很低，富含维生素 C、叶酸、钾和膳食纤维，还具有清热利尿的作用。烹饪时建议急火快炒，以免维生素 C 流失；还可以加点醋，有利于营养素的吸收。

三丝菜卷

材料

大白菜叶 5 片，鲜香菇 1 朵，胡萝卜 50 克，黄瓜 1 根。

调料

生抽、蚝油各 3 克，醋 10 克，辣椒油少许。

做法

1 大白菜叶洗净，焯水，捞出过凉；香菇、胡萝卜、黄瓜分别洗净，切丝；所有调料拌匀制成味汁。

2 香菇丝、胡萝卜丝焯熟，捞出沥干。

3 取一片大白菜叶，放上香菇丝、胡萝卜丝、黄瓜丝，轻轻卷起，摆盘，最后浇上味汁即可。

🍲 双菇扒白菜

材料

鲜香菇100克，干花菇50克，大白菜200克。

调料

葱末5克，水淀粉、盐各少许。

🌟 **小贴士**

通常做这道菜会用水淀粉勾芡，但为了使菜肴更有利于减脂控糖，也可以不勾芡或勾薄芡。所有常规需要勾芡的菜肴，都可以这样处理，虽然可能会稍微影响菜的美观，但更健康。

做法

1 香菇洗净，去蒂，切片；干花菇提前泡发，洗净，切片；大白菜洗净，切片。

2 锅中倒油烧至七成热，下葱末炒香，放入花菇片、香菇片，大火翻炒后倒入适量水，转小火焖烧5分钟，放入大白菜片翻炒至熟，用水淀粉勾芡收汁，加盐调味即可。

圆白菜

热量	蛋白质	脂肪	碳水化合物
24 千卡	1.5 克	0.2 克	4.6 克

注：每 100 克可食部。

圆白菜含有丰富的胡萝卜素、维生素 C、叶酸、钙、膳食纤维等，多吃有助于保护血管健康。此外，圆白菜还含有一种对胃黏膜有益的物质，日常适量食用有助于健胃。

 芝麻圆白菜

材料

圆白菜嫩心 300 克，熟黑芝麻 15 克。

调料

葱末、盐、酱油各少许。

做法

1 圆白菜洗净，切丝。

2 锅内放油烧热，将葱末爆香，放入圆白菜丝，加少许水，中火翻炒约 2 分钟，改大火炒熟，加入酱油、盐、黑芝麻拌炒均匀即可。

🍲 双色包菜

材料

紫甘蓝、圆白菜各 200 克。

调料

小米椒 1 个,香辣豆豉 10
克,葱末 5 克,盐、香油
各适量。

做法

1 紫甘蓝、圆白菜分别洗净,撕小片;小米椒切片。

2 锅里倒油烧热,下入葱末、切好的小米椒、香辣豆
豉炒香,倒入紫甘蓝片、圆白菜片翻炒至软,调入
盐、香油即可。

黄 瓜

热量	蛋白质	脂肪	碳水化合物
16 千卡	0.8 克	0.2 克	2.9 克

注：每 100 克可食部。

黄瓜的热量和脂肪含量都很低，且富含水分，可以促进肠胃蠕动，减少人体对胆固醇的吸收。此外，黄瓜中的黄瓜酶可以促进人体新陈代谢，还能抑制体内的碳水化合物转化为脂肪，是很好的减肥食材。

🍲 黄瓜紫菜汤

材料
紫菜 4 克，黄瓜 200 克。

调料
姜丝、盐、香油各少许。

做法
1 黄瓜洗净，切片；紫菜泡开备用。
2 锅中加清水，放入姜丝煮开，放入紫菜、黄瓜片煮 1 分钟，调入盐、香油即可。

黄瓜炒肉丁

材料
黄瓜 200 克，猪瘦肉 100 克。

调料
葱花、姜末各 5 克，盐、酱油各适量，姜粉少许。

做法

1 黄瓜洗净，切丁；猪瘦肉洗净，切小丁，加入盐、酱油、姜粉抓匀，腌制约 10 分钟。

2 油锅烧热，下入肉丁炒至八成熟，加入葱花、姜末、黄瓜丁翻炒至熟，调入盐、酱油翻炒均匀即可。

番 茄

热量	蛋白质	脂肪	碳水化合物
15 千卡	0.9 克	0.2 克	3.3 克

注：每 100 克可食部。

番茄酸甜可口，能健胃消食，且热量很低，富含钾、番茄红素等，有助于利尿、抗氧化，适合减脂期食用。但要注意，番茄容易刺激胃黏膜导致胃酸分泌过多，所以不宜空腹大量食用。

🍲 番茄菜花

材料

菜花 350 克，番茄 100 克。

调料

葱丝 5 克，番茄酱 10 克，白糖少许。

做法

1 菜花洗净，去老茎，切小朵，入开水焯 2 分钟，捞出沥干；番茄洗净，去皮，切丁。

2 锅中放少许油，烧至五成热，下入葱丝爆香，放入番茄丁，大火翻炒片刻，转小火炒至番茄软烂，放入菜花、番茄酱炒至菜花发软，加白糖翻炒均匀即可。

⭐ **小贴士**

市售番茄酱含盐量很高，因此可以不用额外加盐。这里加白糖是为了提升口感，量不宜多，也可以不加。

番茄炖牛腩

材料

牛腩 300 克，番茄 1 个。

调料

大料 1 个，桂皮 1 块，盐 3 克，葱段、姜片各适量，生抽 10 克。

做法

1 牛腩泡水 30 分钟，切小块，入凉水锅焯煮 3 分钟，捞出冲洗干净；番茄洗净，去皮，切块备用。

2 牛腩块放入锅中，加入姜片、大料、葱段、桂皮，大火烧开，转小火煮至软烂。

3 油锅烧热，下入番茄块翻炒出汁，倒入牛腩块、生抽，炖至汤汁浓稠，出锅前加盐调味即可。

西蓝花

热量	蛋白质	脂肪	碳水化合物
27 千卡	3.5 克	0.6 克	3.7 克

注：每 100 克可食部。

　　西蓝花富含膳食纤维、维生素 C、胡萝卜素和铬，其食用后饱腹感强，有助于控制餐后血糖、降低胆固醇水平，非常适合减脂期食用。

🍲 胡萝卜炒双花

材料
西蓝花、菜花各 150 克，
胡萝卜 50 克。

调料
盐少许，葱花、姜末各 5 克，
香油 2 克。

做法

1 西蓝花、菜花分别洗净，掰小朵；胡萝卜洗净，切滚刀块。

2 锅中倒油烧热，下葱花、姜末爆香，下入胡萝卜块稍炒，下入西蓝花、菜花翻炒，倒入适量水，翻炒至熟，调入盐、香油即可。

五彩西蓝花

材料

西蓝花 200 克，水发木耳、黄彩椒、红彩椒各 50 克。

调料

葱末 10 克，生抽 5 克，盐、香油各适量。

做法

1 彩椒洗净，切片；水发木耳洗净，撕小朵；西蓝花洗净，掰成小朵，焯水，捞出沥干。

2 锅中放油烧热，放入木耳炒至断生，下西蓝花、彩椒片炒匀，调入盐、生抽、葱末炒匀，出锅时淋香油即可。

魔 芋

热量	蛋白质	脂肪	碳水化合物
21 千卡	0.2 克	0.2 克	4.7 克

注：每 100 克可食部。

　　魔芋是典型的高膳食纤维、低脂、低热量食物，可以说是非常好的减脂控糖食物。其所含膳食纤维在肠胃中吸收水分会膨胀，产生饱腹感，还能延缓脂肪吸收。但需要注意的是，魔芋中维生素和矿物质含量有限，适合与其他时蔬搭配食用。

🥗 凉拌魔芋

材料
魔芋豆腐 300 克。

调料
香菜末、蒜末、葱丝、红椒丝各 3 克，醋 10 克，香油、辣椒油、生抽各 5 克。

做法
1 魔芋豆腐洗净，切条，放入沸水中焯透，捞出，沥干水分。
2 取小碗，加入蒜末、醋、香油、生抽、辣椒油搅拌均匀，制成味汁。
3 取盘，放入魔芋豆腐条，淋上味汁，撒上香菜末、葱丝、红椒丝即可。

🥗 黄瓜魔芋沙拉

材料

魔芋豆腐 200 克，黄瓜 100 克，鸡蛋 1 个，原味酸奶适量。

调料

醋、盐、香油各少许。

做法

1 魔芋豆腐洗净，切丁，放入加有醋的开水中焯一下，捞出，凉凉备用；鸡蛋煮熟，去壳，切丁；黄瓜洗净，切丁。

2 魔芋丁、黄瓜丁、鸡蛋丁放入碗中，加入原味酸奶、盐、香油拌匀即可。

⭐ **小贴士**

魔芋要想好吃，离不开醋。这里焯魔芋时加了醋，就是为了获得更爽弹不涩的口感。

豆 腐

热量	蛋白质	脂肪	碳水化合物
84 千卡	6.6 克	5.3 克	3.4 克

注：每 100 克可食部。

豆腐是常见大豆制品，富含优质蛋白质、钾、钙等多种营养素，有"植物肉"的美称，非常适合减脂期，特别是素食人群用来补充蛋白质。豆腐与其他食材搭配，可提高蛋白质的利用率，均衡营养。

🥗 香椿拌豆腐

材料
豆腐 300 克，鲜香椿 80 克。

调料
盐、香油、醋、酱油各少许。

做法

1 豆腐洗净，入沸水略焯，捞出沥干，切条，放入盘中，撒上盐略腌；香椿洗净，入沸水略焯，捞出，切末；所有调料放入小碗中拌匀，调成味汁。

2 将香椿末撒在豆腐条上，浇上味汁即可。

海带炖豆腐

材料

水发海带 300 克，嫩豆腐 200 克。

调料

盐、姜片、葱丝各适量。

做法

1. 海带洗净，打结备用；豆腐洗净，切块。
2. 油锅烧热，放入姜片、葱丝爆香，加入豆腐块略翻炒，倒入适量水，放入海带结，大火炖烧约 10 分钟，调入盐即可。

木 耳

热量	蛋白质	脂肪	碳水化合物
27 千卡	1.5 克	0.2 克	6.0 克

注：每 100 克鲜品可食部。

　　木耳富含膳食纤维、甘露聚糖等，可以促进肠胃蠕动，有助于减少脂肪吸收、平稳血糖、降低血脂等，非常适合减脂控糖人群。

🥗 木耳拌瓜丝

材料
西瓜皮 300 克，干木耳 5 克。

调料
香油、酱油、醋、盐各少许。

做法

1 西瓜皮削去外层硬皮，把剩余瓜皮先切成薄片，再改刀切成丝，加盐腌约 10 分钟，用清水漂洗干净，控干水分。

2 干木耳用温水泡软，洗净杂质，切丝，焯水后捞出过凉，控干。

3 把瓜皮丝和木耳丝放在碗里，加入调料拌匀即可。

蒜薹木耳炒蛋

材料

蒜薹 200 克，水发木耳 100 克，鸡蛋 2 个。

调料

葱末 2 克，盐、生抽各适量。

做法

1 蒜薹洗净，切段；木耳洗净、去蒂，撕成小朵；鸡蛋打散。

2 油锅烧热，放入鸡蛋炒散，下入蒜薹段炒至九成熟，倒入木耳、生抽翻炒，最后加葱末、盐炒匀即可。

海 带

热量	蛋白质	脂肪	碳水化合物
13千卡	1.2克	0.1克	2.1克

注：每100克鲜品可食部。

　　海带热量很低，富含膳食纤维和不饱和脂肪酸，还有多糖类物质，有助于减少人体对脂肪的吸收，改善血液循环，非常适合减脂控糖人群食用。需要注意的是，干海带在烹调前要用清水或淘米水浸泡4小时以上，彻底泡发，这样口感更好。

🥗 豆干拌海带丝

材料

水发海带200克，豆腐干（即豆干）100克，水发海米20克。

调料

盐、酱油、香油、姜末各适量。

做法

1 海带洗净，入沸水略焯，捞出沥水，上锅蒸熟，取出凉凉，切丝备用；豆腐干洗净，切条，焯烫后捞出，过凉。

2 海带丝、豆腐干条放入盘中，撒上海米，加入所有调料，拌匀即可。

🍲 玉米海带炖排骨

材料

排骨 250 克，水发海带 150 克，玉米半根。

调料

料酒 10 克，葱段、姜片、醋各 5 克，大料 1 个，盐少许。

做法

1 排骨洗净，放入冷水锅中焯去血沫，捞出，洗净备用；玉米洗净，切段；海带洗净，切丝。

2 排骨放入砂锅内，加入料酒、葱段、姜片、大料及适量水，煮沸后改小火炖 30 分钟，加入玉米段、海带丝、醋，继续小火炖 1 小时左右，出锅前调入盐即可。

香 菇

热量	蛋白质	脂肪	碳水化合物
26 千卡	2.2 克	0.3 克	5.2 克

注：每 100 克鲜品可食部。

香菇热量低，富含香菇多糖、植物固醇、维生素 D、硒等营养素，可以促进肝糖原合成，降低血胆固醇。需要注意的是，香菇所含营养素大多为水溶性的，所以清洗浸泡时间要短，以免营养流失。可以将浸泡香菇的水一起炖汤，保留更多营养成分。

香菇炖鸡腿

材料

去皮鸡腿 2 只，干香菇 5 朵，红枣 15 克。

调料

姜片 5 克，料酒 10 克，盐、葱末各少许。

做法

1. 鸡腿洗净，剁小块，焯去血水后冲净；干香菇泡软，去蒂。
2. 将所有材料放入炖碗内，加入料酒和适量水，蒸炖 40 分钟，出锅前调入盐、撒上葱末即可。

香菇鲜笋包

材料

面粉 500 克，鲜笋、鲜香菇、豆腐干各 200 克。

调料

葱末 10 克，生抽 15 克，酵母、盐各 2 克，香油适量。

做法

1 鲜笋、鲜香菇、豆腐干分别洗净，切末；酵母用温水化开备用。
2 锅中倒油烧热，将葱末炒香，放入鲜笋末、鲜香菇末、豆腐干末煸炒出香味，加生抽、盐、香油炒匀，制成馅料。
3 面粉倒入盆中，加入酵母水，揉成光滑柔软的面团，发酵至原来的 2 倍大。
4 将面团取出，反复揉搓排气至表面光滑，下剂子，擀成包子皮，放入馅料，做成包子生坯，静置醒发 20 分钟。
5 包子入沸水锅蒸 20 分钟左右关火，闷 5 分钟即可。

牛 肉

热量	蛋白质	脂肪	碳水化合物
113 千卡	21.3 克	2.5 克	1.3 克

注：每 100 克可食部。

牛肉蛋白质含量高，脂肪含量低，且富含铁、锌、肌氨酸和维生素 B_6，可以促进脂肪代谢和肌肉合成、提高肌肉耐力，还有助于预防减脂过程中容易出现的缺铁性贫血等，非常适合减脂健身人群。

🍲 金针牛肉

材料

金针菇、牛里脊各 200 克，红彩椒 20 克。

调料

葱丝、姜丝各 10 克，料酒、酱油各 5 克，香油、盐各少许。

做法

1. 金针菇去蒂洗净；牛里脊洗净，切薄片，用料酒、酱油略腌；红彩椒洗净，切丝；酱油、盐、香油倒入小碗内，调成味汁。
2. 锅内水烧开，把金针菇和牛肉片焯熟，盛出，控水。
3. 锅内放少许油烧热，爆香葱丝、姜丝，下入金针菇、牛肉片，倒入味汁翻炒入味，出锅装饰红彩椒丝即可。

⭐ **小贴士**

这里选择的是牛里脊而不是肥牛片，有助于更好地控制热量摄入，减脂瘦身。

🍲 清蒸牛肉

材料
牛肉 300 克。

调料
料酒、酱油各 5 克，盐、香油、葱段、葱丝、姜片、姜丝、红彩椒丝各少许，大料1 个。

做法
1 牛肉洗净，冷水入锅焯去血沫，捞出，冲洗干净。
2 焯后的牛肉再次入冷水锅，加酱油、料酒、大料，煮熟后捞出，切片，放入蒸碗内。
3 将料酒、酱油、盐、香油调成味汁，均匀地浇在牛肉片上，放葱段、姜片，上笼用大火蒸至牛肉酥烂，取出后拣去葱段、姜片，放上葱丝、姜丝、红彩椒丝即可。

鸡胸肉

热量	蛋白质	脂肪	碳水化合物
118 千卡	24.6 克	1.9 克	0.6 克

注：每 100 克可食部。

鸡胸肉热量低，富含优质蛋白质，既可以为肌肉恢复提供营养来源，还可以维持较长时间的饱腹感，提高基础代谢，增加热量消耗，非常适合运动减脂的人。

五彩鸡丝

材料

鸡胸肉 200 克，冬笋 50 克，柿子椒、红彩椒各 20 克，鲜香菇 1 朵。

调料

料酒、姜丝、葱丝各 5 克，盐、香油、酱油各少许。

做法

1 鸡胸肉、冬笋、香菇、柿子椒、红彩椒分别洗净、切丝，鸡丝加入料酒、盐略腌。

2 锅中倒油烧至四成热，放入鸡丝炒熟，盛出。

3 锅留底油，将葱丝、姜丝爆香，加入所有食材翻炒均匀，调入盐、酱油、香油炒匀即可。

🍲 鸡火干丝汤

材料
豆腐皮100克，鸡胸肉80克，鸡蛋2个，芹菜、鲜香菇、虾仁各20克。

调料
盐、香油、酱油各适量，香菜段少许。

做法

1 豆腐皮洗净，切细丝，焯水备用；鸡胸肉洗净，煮熟后用手撕成细丝；鸡蛋打散，摊成蛋皮，切丝备用；芹菜、鲜香菇分别洗净，切丝；虾仁去虾线，洗净。

2 锅置火上，倒入适量水煮开，加入豆腐干丝、鸡丝、蛋丝、芹菜丝、香菇丝煮开，放入虾仁煮至变红，加盐、酱油、香油调味，点缀香菜段即可。

鸡 蛋

热量	蛋白质	脂肪	碳水化合物
139 千卡	13.1 克	8.6 克	2.4 克

注：每 100 克可食部。

　　鸡蛋营养丰富，是优质蛋白质的极佳来源，还含有 B 族维生素、卵磷脂等多种营养成分。且做法多样，可以和各种食材搭配，是日常减脂控糖的食材佳选。但鸡蛋中不含维生素 C，因此宜搭配维生素 C 含量丰富的食材，以保证营养全面。

🍚 蔬菜蛋饼

材料
胡萝卜、西蓝花、芹菜各
100 克，鸡蛋 2 个，面粉
150 克。

调料
盐少许。

做法

1 胡萝卜、西蓝花、芹菜分别洗净，焯水后捞出，切碎，打入鸡蛋，加入面粉、盐，搅拌均匀制成面糊。

2 不粘锅倒适量油，用勺子舀面糊放入锅内摊平，定形后翻面，煎至两面金黄即可。

菠菜焗蛋

材料
鸡蛋 3 个，菠菜 200 克。

调料
盐少许，香葱末 20 克。

做法

1　鸡蛋磕开，加盐、适量水，打散，放入香葱末拌匀；菠菜洗净，焯水后捞出，过凉，切碎。

2　烤碗中刷一层食用油，放入菠菜碎，倒入蛋液。

3　在烤盘里注入热水，放进烤箱，与烤箱一起预热，预热温度 200℃。

4　将烤碗包上锡纸，放到烤箱的烤网上，上下火，中层，烤 30 分钟左右取出，将焗蛋倒出切开即可。

鲈 鱼

热量	蛋白质	脂肪	碳水化合物
105 千卡	18.6 克	3.4 克	0 克

注：每 100 克可食部。

　　鲈鱼是非常有名的低脂、高蛋白食材，其热量很低。特别是其中富含 EPA 和 DHA，对预防血脂异常、营养大脑神经有益。烹饪时注意不要放太多油，以清蒸、煮汤或清炒为宜。

🍲 清蒸鲈鱼

材料
鲈鱼 1 条（约 600 克）。

调料
酱油、胡椒粉、盐、葱丝、姜丝、红彩椒丝各适量。

做法

1 鲈鱼去鳞、内脏，在背部开一刀，洗净，放盘中，加入盐、酱油、胡椒粉腌 10 分钟，入沸水锅中蒸 10 分钟左右。

2 鱼蒸熟后取出，撒上葱丝、姜丝、红彩椒丝，浇上热油即可。

🍲 五色鱼米

材料

去皮鲈鱼肉 150 克，鲜香菇、玉米粒、红彩椒、黄瓜各 30 克。

调料

醋 5 克，生抽、盐、姜末各适量。

做法

1 鱼肉洗净，切小丁，在沸水中略烫即捞出；香菇、红彩椒、黄瓜分别洗净，切丁。

2 油锅烧热，放入姜末爆香，烹入醋，炒出香味后放入蔬菜丁和洗好的玉米粒，翻炒匀，最后放入鱼肉丁，加盐、生抽即可。

虾

热量	蛋白质	脂肪	碳水化合物
90 千卡	18.5 克	0.4 克	3.0 克

注：每 100 克可食部。

虾富含优质蛋白质，热量低，还含有牛磺酸、锌、碘、硒，所含脂肪也多为不饱和脂肪酸，非常适合减脂期食用，还可以缓解健身期的疲劳感。

🍲 盐水虾

材料
鲜虾 400 克。

调料
葱段、姜片、盐各适量，料酒 10 克，花椒少许。

做法
1. 虾剪去须、腿，洗净备用。
2. 锅中倒入适量清水，放入所有调料，大火煮沸，撇去浮沫后放入虾煮至变红，捞出凉凉。
3. 剩下的汤去掉葱段、姜片、花椒，冷却后将虾倒回原汤浸泡入味，食用时，将虾摆盘，淋上少许原汤即可。

★ 小贴士
煮虾之前可在水里放一勺盐、几片姜，这样煮出的虾没有腥味，肉质紧实。

菠菜鲜虾沙拉

材料
菠菜 250 克，鲜虾 120 克，熟松仁 20 克。

调料
蒜末、姜末各 10 克，醋 5 克，橄榄油、盐各少许。

做法
1 菠菜洗净，焯水后捞出，控水；鲜虾洗净，去虾线备用。
2 锅中放橄榄油加热，放蒜末炒香，放入鲜虾、姜末，直至虾变色，加适量水煮透后捞出。
3 鲜虾、菠菜装盘，倒入适量虾汤，加入醋、盐，撒上熟松仁即可。

减脂控糖黑榜食材

挂面

上榜理由　大米饭、白面馒头等主食都是减脂控糖应该少吃的食物。这里单列出挂面，是因为在制作挂面的过程中会加入盐，所以挂面的含盐量通常较高，而高糖、高盐都对控制体重不利。

油条

上榜理由　油条是油炸主食，这种"高碳水 + 油炸"的组合是非常不利于减脂控糖的。同类的炸糕、油饼等也应该减少食用。

延伸一下　炒饭、炒面等主食，为了口感更好，在炒制过程中会加入大量食用油而导致热量超标，也不推荐。

火龙果

上榜理由　火龙果因果糖含量不高导致吃起来没那么甜，但其葡萄糖含量很高，且更易吸收升高血糖。很多人因为其味道不甜而忽视它的含糖量，导致热量摄入超标。

果脯蜜饯

上榜理由　果脯蜜饯是高糖、高热量、高盐食品，不利于控糖、控压、控体重。日常可用新鲜水果代替。

五花肉

上榜理由　五花肉虽然美味，但属于高脂肪、高热量食材，选择瘦肉更有助
于减脂控糖。

猪肝

上榜理由　猪肝虽然富含铁、锌等矿物质，但胆固醇含量也很高。很多动物
内脏都有这个问题，食用时要控制食用量和食用频率。

鸡翅

上榜理由　鸡翅富含脂肪，且蛋白质含量没有其他肉类多，所以并不是减脂
控糖的理想肉类。

专题
减肥减出脱发、便秘、贫血怎么办

节食减肥很容易导致健康问题，出现体重没减下去，身体先垮的情况，焦虑、贫血、便秘、乏力、脱发、抵抗力下降等都是节食减肥的过程中容易出现的副作用。下面分享几个常见问题的应对方法。

脱发：维生素 E 可以促进细胞分裂，抵抗毛发衰老。日常可多吃富含维生素 E 的食物，比如植物油、坚果、瘦肉、奶制品、蛋类等。同时多摄入富含铜和蛋白质的食物，以促进毛发生长。

便秘：减肥过程中出现便秘，大多是因为吃得太少。根本办法还是适当增加进食量，特别是富含膳食纤维的蔬菜和豆类、富含油脂的坚果，同时还要补充充足的水分。也可以在咨询专业医生或营养师后尝试使用益生菌制剂，以改善肠道菌群。

贫血：减肥过程中出现贫血多是因缺铁、缺乏维生素 B_{12} 等所致，此时要多吃富含铁和维生素 B_{12} 的食物，优先选择动物血、瘦肉、动物肝脏等动物性食物。虽然植物性食物也含有铁，但整体吸收利用率低，不作为首选。同时搭配富含维生素 C 的蔬菜，可以促进铁的吸收。必要时可补充铁剂。

Part3

第三章

吃对主食，
减脂控糖成功
一大半

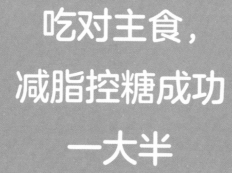

关于主食，你需要知道的

主食到底包括哪些

一提起主食，人们首先会想到米饭、油条、馒头、面包、面条等碳水化合物丰富的食物。

其实，有些常被划分为零食小吃或蔬菜的食物也应该归为主食。比如蛋糕、饼干、麻团、米粉，常被当成零食小吃；土豆、南瓜、红薯、芋头等富含淀粉的根茎类蔬菜其实应该作为主食而非蔬菜食用。

还有一类常被忽视的主食，就是粗粮杂豆，比如绿豆、芸豆、荞麦、小米，其实都是控糖减脂的优选主食。

虽然粗粮的饱腹感较强，但不建议将所有的主食都换成粗粮，因为这样会影响蛋白质、钙、铁的吸收，容易导致营养不良，所以日常饮食中应粗细搭配。

低 GI 碳水吃饱不胖，你心动了吗

GI 值低的碳水类食物，提升血糖的速度较慢，更容易产生饱腹感，非常适合减脂期。

所以，如果把主食部分替换成豆类、粗粮和薯类等低 GI 的食物，既不必"忍饥挨饿"，又能减脂控糖不怕胖。

想要吃得健康，主食如何取舍

这三类主食要少吃。

①含大量糖和脂肪的主食：酥饼、曲奇、起酥面包、手抓饼、月饼等。

②油炸的主食：油条、麻团、炸春卷等。

③重复的主食搭配：包子＋粥、比萨＋意大利面、土豆丝＋米饭等。

健康主食这样吃。

①粗细搭配，吃米饭和粥时，可以混合 1/3 ~ 1/2 的杂粮。

②经常用红薯、紫薯、玉米、山药、南瓜、土豆、莲藕、芋头等代替米面当作主食。

> ┈┈ 延伸一下
> 主食与胰岛素和血糖
>
> 研究表明，胰岛素是控制脂肪分解代谢非常重要的激素，只有胰岛素处于低水平稳态时，身体才会开始分解利用脂肪。所以，降低胰岛素水平相当于启动了减肥的开关，否则，脂肪就没办法进入燃烧模式，减肥很难成功。

减脂控糖优选食谱

豆浆杂粮粥

材料

大米 50 克，小米 30 克，红豆 20 克，豆浆 200 克。

做法

1 红豆浸泡 2 小时，与洗净的大米、小米混合，用电饭锅煮成黏稠的粥。

2 粥中加入豆浆混匀煮开即可。

🥣 燕麦奶香粥

材料

原味燕麦片100克，牛奶250克。

做法

1 将燕麦片放入锅内，加适量清水烧开，煮至熟软。

2 加入牛奶稍煮即可。

⭐ 小贴士

如果时间充裕，也可以用燕麦米。燕麦米煮粥之前需要浸泡4小时，这样可以节约烹饪时间。

🥣 丝瓜虾仁糙米粥

材料

丝瓜50克，虾仁20克，糙米100克。

做法

1 糙米洗净，浸泡2小时；虾仁去虾线，洗净；丝瓜去皮，洗净，切小丁。

2 将糙米和虾仁放入锅中，加入2碗水，用中火煮15分钟成粥状。

3 放入丝瓜丁，再煮2分钟即可。

🍚 金瓜二米饭

材料

大米、糯米各 50 克，南瓜 200 克。

做法

1 大米、糯米分别淘洗干净；南瓜洗净，去皮除子，切丁。

2 将大米、糯米和南瓜丁放入锅中，加适量水，按"蒸饭"键，提示蒸熟即可。

⭐ **小贴士**

南瓜可以替换部分米类作为主食食用，这样搭配营养均衡，更有利于控糖。

🍚 海苔糙米饭

材料

糙米 150 克，扁豆 60 克，海苔 5 克。

调料

葱花、姜丝、蒜末、盐各适量。

做法

1 糙米洗净，提前浸泡 3 小时；扁豆洗净，切小段。

2 将糙米放入电饭锅，加适量水煮成糙米饭，加入扁豆段继续加热焖熟。

3 糙米饭中加入葱花、姜丝、蒜末、盐，拌匀后撒上海苔即可。

🍚 健康杂粮饭

材料

大米、小米、糙米各 50 克，红薯 10 克。

做法

1 将大米、小米和糙米分别淘洗干净，浸泡 1 小时；红薯洗净后去皮切块。

2 将小米、大米、糙米和红薯块放入电饭煲中，加适量水，按"蒸饭"键，提示蒸
　熟即可。

🍚 茼蒿麦饭

材料
茼蒿 400 克，面粉 100 克。

调料
蒜泥 20 克，盐、香油、生抽各少许。

做法

1 茼蒿洗净，晾干水分，切长段后放入碗中，加入面粉充分拌匀。

2 笼屉放上半干的笼布，放入拌好的茼蒿段，入蒸锅隔水大火蒸 6 分钟。

3 出锅后拌入蒜泥、生抽、盐、香油即可。

🌸 小贴士

麦饭是非常健康的主食选择，可以摄入足够的蔬菜，且热量低。还可以尝试制作小茴香、芹菜叶、红薯叶、槐花等不同麦饭。

🍚 红薯蒸饭

材料

大米、红薯各 100 克。

做法

1 大米淘洗干净，沥干水分，倒入电饭锅中，加适量水。

2 红薯洗净、去皮，切成滚刀块，放入电饭锅中，与大米一起蒸熟即可。

⭐ **小贴士**

其他富含淀粉的根茎类蔬菜，如土豆、莲藕、南瓜、山药等，都可以按此做法替换一部分米面，作为主食。

🍜 什锦荞麦面

材料

荞麦面条 100 克，鲜香菇 3 朵，胡萝卜 20 克，菠菜 50 克。

调料

盐 2 克，老抽 5 克，香油 3 克。

做法

1 鲜香菇去蒂，洗净切片；胡萝卜洗净去皮，切丝；菠菜洗净，焯烫后切段。

2 将油倒入炒锅烧热，放香菇片、菠菜段、胡萝卜丝翻炒，加入盐、老抽、香油炒匀后，盛出。

3 另起锅加水，煮熟荞麦面，捞出过凉，控净水，加入炒好的菜拌匀即可。

🍜 蔬菜肉丁拌面

材料

面条 100 克，猪肉 50 克，西芹、胡萝卜各 30 克，鲜香菇 1 朵。

调料

盐、生抽各少许。

做法

1 猪肉洗净，切丁，调入盐抓匀，腌制 10 分钟；西芹、胡萝卜、香菇洗净，切丁。

2 锅烧热放油，下肉丁炒至变色，加入胡萝卜丁、西芹丁、香菇丁炒匀，调入生抽，加适量清水，炖至软烂，盛出备用。

3 另取锅，加入清水，水开后下面条煮熟，捞入碗中，浇上炒好的菜即可。

🍜 蒜香虾佐意面

材料

虾 100 克，意大利面 100 克，口蘑 6 个。

调料

盐 2 克，香菜碎、蒜末各 10 克，黑胡椒碎少许。

⭐ **小贴士**

也可以直接用虾仁，节约烹饪时间。

做法

1 锅中加水，水开后下入意大利面，煮熟后捞出；虾洗净，去壳、去头、去虾线，取虾仁；口蘑洗净，切片。

2 锅中倒油烧热，放入虾仁煸炒至变色，盛出备用。

3 锅留底油，放入口蘑片炒软，加入蒜末炒香，加入意大利面和炒好的虾仁，放盐、黑胡椒碎、香菜碎调味即可。

⚇ 黑米馒头

材料

面粉 100，黑米面 200 克，酵母 2 克。

做法

1 酵母用温水化开备用。

2 面粉中加入酵母水和适量清水，揉成光滑的面团，醒发备用；黑米面用水和匀，揉成光滑的面团。

3 分别将两种面团揉匀，搓成长条，揪成大小均匀的剂子，擀皮。

4 将黑色皮放下，白色皮放上，卷揉制成圆形馒头生坯，醒发后入蒸锅蒸熟即可。

⚇ 豆渣饼

材料

黄豆渣 100 克，玉米面 150 克，韭菜 80 克，鸡蛋 2 个。

调料

盐 2 克，香油少许。

做法

1 韭菜洗净，切碎；黄豆渣、玉米面混合均匀，磕入鸡蛋，加入韭菜碎，调入盐和香油搅匀，团成团，压成小饼状。

2 平底锅中倒少许油烧热，放入小饼，小火烙至一面金黄后翻面，烙至两面金黄即可。

★ 小贴士

豆渣饼富含钙、优质蛋白质、膳食纤维，有助于预防便秘、增加饱腹感、减脂控糖。

⬡ 藜麦牛肉饼

材料

藜麦、胡萝卜、菠菜、面粉各100克，鸡蛋2个，牛肉60克。

做法

1 藜麦洗净，水煮15分钟；牛肉洗净，切块；胡萝卜、菠菜洗净，切碎。

2 上述食材一起用料理机搅碎制成馅，加入面粉、鸡蛋，搅拌均匀。

3 平底锅刷油，将拌好的馅摊入锅中，两面煎熟即可。

⭐ 小贴士

如果家里有全麦粉或者杂粮粉，可替换面粉，减脂控糖效果更好。

芹菜叶小煎饼

材料

芹菜叶 100 克，面粉 300 克，胡萝卜 50g，鸡蛋 1 个。

调料

盐、花椒粉各适量。

做法

1 将芹菜叶洗净，控干，切碎；胡萝卜洗净，切碎。

2 面粉加水拌成稀糊状，加入切碎的芹菜叶、胡萝卜和盐、花椒粉，打入鸡蛋，调成面糊。

3 在平底锅里倒入少量油烧热，放入面糊，摊开，将两面烙透即可。

🍥 糊塌子

材料

西葫芦 350 克，鸡蛋 2 个，面粉 100 克。

调料

蒜末 10 克，盐 2 克。

做法

1 西葫芦洗净，去子，擦丝，加入盐、蒜末，打入鸡蛋，放入面粉拌匀，制成面糊。

2 不粘锅薄薄刷一层油，倒入面糊，小火煎至两面金黄，盛出切块即可。

⭐ **小贴士**

糊塌子既有蔬菜又有主食、蛋白质，营养全面。西葫芦也可以换成韭菜、菠菜、西蓝花等，制成变形版糊塌子。

☁ 玉米面发糕

材料

玉米面 250 克，面粉 50 克，小枣 15 克，酵母 3 克。

做法

1 酵母用温水化开；小枣洗净。

2 将玉米面、面粉混合均匀，加入酵母水和适量清水，调成稠软的面糊，静置醒发 30 分钟。

3 将面糊倒在蒸屉屉布上，摊平，间隔放上小枣，蒸 25 分钟，取出切块即可。

 小贴士

为了控糖效果更好，制作时没有额外加糖。如果想增加饱腹感，可以将小枣换成坚果。

☁ 荞麦蒸饺

材料

荞麦粉 250 克，韭菜 350 克，鸡蛋 2 个，虾仁 30 克。

调料

姜末、盐、香油各 3 克。

做法

1 鸡蛋打入碗内，打散，煎成蛋饼，铲碎；韭菜择洗净，切末；虾仁洗净，切末。

2 将鸡蛋碎、虾仁末、韭菜末、姜末放入盆中，加盐、香油拌匀，调成馅。

3 荞麦粉放入盆内，用温水和成软硬适中的面团，醒发 30 分钟，擀成饺子皮，包入馅，做成饺子生坯，送入烧沸的蒸锅中蒸 20 分钟即可。

香菇茴香饺

材料

茴香 300 克，鲜香菇 150 克，面粉 250 克。

调料

葱末 20 克，盐、十三香各 3 克，香油 5 克。

做法

1 面粉倒入盆中，加少许盐，倒入适量水揉成表面光滑的面团，醒发 20 分钟。

2 鲜香菇去蒂洗净，剁成末；茴香择洗净，沥干水分，切碎，放入碗中，加少许油。

3 茴香碎中放入香菇末，调入葱末、盐、十三香、香油拌匀，即为茴香馅。

4 将醒好的面团下剂，擀成饺子皮，取适量馅放在饺子皮上，把饺子皮捏紧，制成饺子生坯。

5 锅中倒入适量水烧开，放入饺子，加盖煮，煮沸后加入冷水煮开，重复 2 次，直至饺子煮熟即可。

小贴士

茴香碎里加少许油能将茴香表面封住，可防止茴香馅出汤。

金枪鱼鸡蛋三明治

材料

金枪鱼罐头、番茄各 50 克，全麦面包 2 片，生菜 2 片，洋葱 20 克，鸡蛋 1 个。

调料

原味酸奶适量。

小贴士

为了营养更丰富，同时减少脂肪摄入，这里将传统的蛋黄酱改为原味酸奶。如果想控制热量，建议用煮蛋代替煎蛋。

做法

1 面包片放入烤箱略烤至表面微黄；生菜洗净；洋葱洗净，切末；番茄洗净，切片；鸡蛋煎熟。

2 金枪鱼控油，加入洋葱末和酸奶，搅拌成酱。

3 在烤好的面包片上依次放生菜、番茄片、金枪鱼酱、鸡蛋，再盖一片面包，对角切开装盘即可。

专题
外食点餐的策略

外出用餐已成为现代都市人常见的娱乐社交方式之一，既可以享受美食，还可以与朋友、家人共同度过快乐时光。在减脂期外出就餐，如何点餐才能既品尝到美味，又不会影响减脂计划，需要一些策略和技巧。

点菜建议：尽量选择小份菜，且优先选择绿叶蔬菜、番茄、冬瓜、白萝卜、豆腐等；肉类以"先无腿，次两腿，后四腿"为原则，即首选鱼虾海鲜，次选去皮禽肉，最后选瘦畜肉，并且少点或不点香肠等加工腌制肉制品；主食尽量选择粗粮，比如"五谷丰登"，避免点炒饭、炒面、炸糕等用油较多的主食。

烹调方式：选择清蒸、白灼、清炖的烹调菜式，避免一切高油、高糖、高盐的烹调方式，比如煎炸、干煸、糖醋等。

小心饮料陷阱：汽水、果汁等饮料的糖分含量较高，经常饮用对身体不利。外出就餐时，白开水、茶水是更好的选择，鲜榨原味豆浆、玉米汁等也不错。

Part4
第四章

凉菜热炒，
巧搭配营养好

关于烹饪搭配，你需要了解的

减脂控糖的关键——蛋白质，你吃对了吗

蛋白质分为植物蛋白和动物蛋白。动物蛋白是完全蛋白，即优质蛋白质；而植物蛋白除了大豆及其制品，其他植物类食物所含蛋白质的吸收利用率不如动物蛋白，属于不完全蛋白。从质量上考虑，优选动物性食物和大豆制品，但从综合健康效益考虑，动物性食物也不是多多益善，因为动物性食物通常脂肪、胆固醇含量也更高。所以推荐的食物种类是：大豆制品、鱼虾、去皮禽肉。

当然，蛋白质摄入也要适量，按照每天每千克体重摄入 1.2 ~ 1.5 克蛋白质即可，过量的蛋白质会造成肾脏负担。每天的蛋白质要分散到三餐中，不要一次吃太多。

如何有效控制自己的饥饿感

饥饿分多种，如情绪性饥饿、生理性饥饿、心理性饥饿等。当你特别想吃东西时，首先请判断一下自己是生理性饥饿（肚子饿）、心理性饥饿（大脑馋），还是情绪性饥饿（报复吃）。然后针对不同情况"对症下药"。如果是生理性的，可适当吃一些低脂健康的小零食缓解；如果是心理性或情绪性的，则需要解决心理和情绪问题，单纯多吃并不能解决根本问题，还有害健康。

对抗饥饿感的"终极方法"

- 使用小号餐具盛装食物。
- 小口吃饭，细嚼慢咽。
- 专注于吃饭这件事，不分心。

好食材 + 好烹饪 = 好的减脂控糖餐

好的减脂控糖餐，选对食材只是第一步，烹饪方法也同样重要。

首选生吃、蒸、煮、涮、焯拌的方式，其次选炖、低油炒（即水油炒），避免油炸、烧烤、熏腌、油浸等方式。

在食材的搭配上，尽量做到食物多样化，主食粗细搭配，菜肴荤素搭配，若能搭配出"彩虹餐"是最好的。

此外，醋能够延缓胃排空的速度，降低食物 GI 值，对控制餐后血糖有利。日常调味可多选择醋。

减脂控糖优选凉菜沙拉

🥗 大拌菜

材料

大白菜、胡萝卜、豆腐皮、葱白各
50 克，黄瓜 1 根，干粉丝 30 克。

调料

盐 2 克，醋 10 克，生抽 5 克，香油
适量。

做法

1 黄瓜、大白菜、胡萝卜、豆腐
　皮、葱白分别洗净，切丝。

2 粉丝用温水浸泡 15 分钟，放入
　开水中烫 1 分钟，捞出备用。

3 胡萝卜丝、豆腐皮丝用开水烫
　1 分钟，捞出备用。

4 白菜丝、黄瓜丝、胡萝卜丝、豆
　腐皮丝、葱白丝、粉丝放入碗
　中，加入盐、醋、生抽、香油拌
　匀即可。

⭐ **小贴士**

这道菜可以将粉丝换成生菜或小番茄，控
糖效果更好。

🥗 姜汁菠菜

材料

菠菜 400 克，姜 20 克。

调料

醋 10 克，生抽 5 克，盐 2 克，香油少许。

做法

1 菠菜洗净，去根，入开水中焯熟，捞出，控干，切段。

2 姜去皮，切末，放入碗中，将所有调料倒入其中，搅拌均匀，浇在菠菜上即可。

🥗 什锦沙拉

材料

生菜、紫甘蓝、黄瓜、小番茄、熟鸡蛋、熟玉米粒、土豆各 50 克。

调料

酱油 5 克，醋 10 克，香油 3 克。

做法

1 生菜洗净，撕成小片；黄瓜洗净，切斜片；小番茄洗净，对半切开；鸡蛋去壳，切瓣；紫甘蓝洗净，切丝，放沸水中快速焯烫；土豆洗净去皮，切丁，放沸水中煮熟。

2 将加工后的所有材料盛入碗中，加入调料拌匀即可。

凉拌绿豆芽

材料

绿豆芽 300 克，胡萝卜、黄瓜、黄彩椒各 50 克。

调料

盐 2 克，醋、生抽各 5 克，香油适量。

做法

1 绿豆芽择洗净；胡萝卜、黄瓜、黄彩椒分别洗净，切丝。

2 绿豆芽、胡萝卜丝分别放入锅中焯熟，捞出沥干。

3 将绿豆芽、胡萝卜丝、黄瓜丝、黄彩椒丝一起放入大碗中，加入盐、醋、生抽、香油拌匀即可。

🥗 双色菜花

材料

西蓝花、菜花各 200 克。

调料

蒜末、姜末、醋各 5 克，盐、酱油、香油各少许。

做法

1 西蓝花和菜花分别去梗、洗净，切小朵。

2 锅中加适量清水烧开后，放入西蓝花和菜花焯熟后捞出，过凉，装盘备用。

3 西蓝花、菜花中加入所有调料拌匀即可。

凉拌豇豆

材料

嫩豇豆 250 克。

调料

盐 2 克，姜末 5 克，醋 10 克，酱油、香油、辣椒油各少许。

⭐ **小贴士**

很多人凉拌豇豆时喜欢放芝麻酱，但芝麻酱热量较高，使用时注意控制用量。

做法

1 嫩豇豆择去两头，洗净，切长段，入沸水中焯熟，捞出沥干，装盘。
2 所有调料调成味汁，淋在豇豆上即可。

蒜泥茄子

材料
茄子 400 克，蒜末 30 克。

调料
芝麻酱、生抽各 10 克，盐少许。

做法

1 茄子洗净去皮，切片，放入蒸锅隔水蒸 15 分钟，放凉备用。

2 将所有调料调匀制成酱汁。

3 将蒜末撒在茄子上，倒入酱汁，搅拌均匀即可。

小贴士

选购茄子时，挑选皮色光亮、重量较轻的茄子，这样的茄子比较嫩，口感好。茄子也可以不去皮，洗净即可。

🥗 拍黄瓜

材料

黄瓜 350 克。

调料

蒜瓣 20 克，芝麻酱 5 克，醋 10 克，盐少许。

做法

1 黄瓜洗净，用刀拍松，切小段，盛盘；蒜瓣拍碎，放在黄瓜上。

2 芝麻酱用醋调稀，淋在黄瓜上，撒上盐拌匀即可。

🥗 枸杞拌苦瓜

材料

苦瓜 250 克，枸杞子 10 克。

调料

盐 3 克，白糖、香油、醋各少许。

做法

1 苦瓜洗净，去瓤，切片，焯水；枸杞子泡水备用。

2 苦瓜片加盐、白糖、香油、醋、枸杞子拌匀即可。

⭐ **小贴士**

很多人觉得苦瓜太苦，焯水后会过度挤压苦瓜的汁水，但这样会使营养物质大量流失，不推荐。为了改善口感，可以加白糖调味，但一定要控制用量。

拌双耳

材料

水发木耳、水发银耳各 150 克。

调料

盐、醋、葱油各适量。

做法

1 木耳、银耳洗净，用开水焯熟，凉凉，撕小朵。

2 将双耳盛入盘中，加入调料拌匀即可。

酱牛肉

材料

牛腿肉 1000 克。

调料

酱油 50 克，葱段、姜片各 10 克，花椒 10 粒，盐、白糖各 5 克，大料 1 个，山楂 2 个，葱花、小茴香、桂皮各少许。

做法

1 牛腿肉洗净，切长方块；山楂洗净，去子备用。

2 将牛肉块、山楂、葱段、姜片全部放入锅中，加清水适量（没过牛肉），大火煮开，加入酱油、花椒、白糖、大料、小茴香、桂皮，改小火煮约 2 小时，加入盐，煮至汤汁收浓后捞出牛肉，凉凉切片，撒葱花即可。

★ **小贴士**

煮牛肉时加山楂，是为了使牛肉更易熟透。酱牛肉一次可以多做一点，做好后分小份冷冻，随吃随取更方便。

🥗 白斩鸡

材料

嫩仔鸡1只（约500克）。

调料

大葱30克，姜片、料酒各20克，花椒、盐各适量。

小贴士

白斩鸡的做法很健康，低脂、高蛋白。吃的时候建议去皮食用，更有助于减脂控糖。

做法

1 嫩仔鸡治净，用沸水反复冲洗；大葱葱白部分切斜段，葱叶部分切葱花。

2 锅中倒入适量水（可没过鸡），加入葱白段、姜片、花椒、料酒煮沸，把鸡放入锅中，略煮后关火，盖盖，闷熟，取出凉凉，拆骨切段。

3 锅内放油烧热，倒入盛有葱花、盐和少量鸡汤的碗中，拌匀，浇在鸡块上即可。

🥗 芹菜拌鸡丝

材料

芹菜 150 克，鸡胸肉 100 克。

调料

红彩椒、葱段各 10 克，醋适量，盐、香油各少许。

做法

1 鸡胸肉洗净，入水中焯熟，捞出沥干，撕成细丝；芹菜洗净去叶，切段；红彩椒洗净，切条。

2 锅内放油烧热，放入葱段炒制葱油备用。

3 鸡丝、芹菜段中加入红彩椒条、盐、葱油、香油、醋，拌匀即可。

🥗 皮蛋豆腐

材料

嫩豆腐 300 克，皮蛋 1 个。

调料

葱末 5 克，醋 10 克，生抽、盐、香油各少许。

做法

1 皮蛋去壳，洗净，切丁备用；豆腐洗净，备用。

2 将皮蛋丁放在豆腐上，撒上葱末；将剩余调料拌匀，淋在豆腐和皮蛋上即可。

⭐ 小贴士

这里选用的是嫩豆腐，而不是日本豆腐，前者营养价值更高。

莜麦菜蛋卷

材料

莜麦菜 300 克，鸡蛋 2 个，香葱 20 克。

调料

生抽、醋各 5 克，盐 2 克。

⭐ **小贴士**

用不粘锅摊煎蛋饼时不要放油，放了油摊出的蛋饼会起泡，而且比较脆，不容易卷起来。

做法

1 莜麦菜洗净，去根焯熟备用；香葱洗净备用；鸡蛋磕开，加盐后打散，在不粘锅中摊成蛋皮。

2 将蛋皮铺好，放入莜麦菜和香葱，卷成卷状，切长段，装盘。

3 将生抽和醋调匀，浇在莜麦菜蛋卷上即可。

🥗 椿芽拌三文鱼

材料
鲜三文鱼肉 150 克，嫩香椿芽 80 克，熟白芝麻 10 克。

调料
泡椒 10 克，芥辣酱、辣椒油、酱油、白醋、香油各适量。

⭐ 小贴士

泡椒、酱油都有咸味，所以制作过程可以不用额外加盐。

做法

1 嫩香椿芽洗净，在沸水锅中略烫，捞出过凉，控干后切成 2 厘米长的段；三文鱼肉切成筷子粗的条；泡椒切碎备用。

2 香椿芽、三文鱼条放入盘中，依次加入泡椒碎、熟白芝麻、芥辣酱、酱油、白醋、香油和辣椒油拌匀即可。

🥗 金枪鱼沙拉

材料

金枪鱼 150 克，洋葱、番茄、黄瓜各 50 克，酸奶适量。

调料

黄芥末 5 克，柠檬汁、盐、胡椒粉各适量。

做法

1 洋葱、黄瓜、番茄均洗净，金枪鱼、洋葱、黄瓜、番茄分别切小块备用。

2 将金枪鱼块、洋葱块、黄芥末混合，加入适量盐、胡椒粉、柠檬汁拌匀。

3 黄瓜块、番茄块用酸奶拌匀后装盘，加入步骤 2 的材料即可。

🥗 苦瓜拌虾仁

材料

虾仁、嫩苦瓜各 150 克。

调料

盐、白糖各 2 克，醋 5 克，香油少许，姜末 10 克。

做法

1 嫩苦瓜洗净，去子，切圈，入沸水焯烫，过凉，控水；虾仁洗净，焯熟备用。

2 虾仁、嫩苦瓜中调入盐、白糖、醋、姜末、香油，拌匀即可。

减脂控糖优选热菜小炒

香菇油菜

材料

油菜 300 克，鲜香菇 100 克。

调料

葱末 5 克，生抽、香油各少许，盐 2 克。

做法

1 油菜择洗净，切段；香菇洗净，去蒂，切片备用。

2 锅中倒油烧至五成热，下葱末炒香，放入香菇片翻炒几下，倒入生抽，中火继续翻炒，待香菇入味后放入油菜段，大火快炒，加盐、香油炒匀即可。

炝炒圆白菜

材料

圆白菜 300 克。

调料

花椒 3 克，红辣椒、蒜末各 10 克，盐、醋、酱油各少许。

做法

1 圆白菜洗净，撕成小片；红辣椒洗净，切小片。

2 炒锅倒油烧至四成热，放入花椒炸出香味，捞出花椒后放入红辣椒片炒香，下入圆白菜片翻炒，加入盐、酱油炒至熟，出锅前淋少许醋，关火，撒蒜末即可。

醋熘白菜

材料

大白菜 400 克。

调料

醋 10 克，盐 2 克，白糖、酱油各 5 克，水淀粉少许。

做法

1 大白菜洗净，切片。

2 炒锅倒油烧热，下入白菜片翻炒，加入酱油、盐、白糖炒至熟。

3 出锅前将醋、水淀粉调成芡汁，倒入炒匀即可。

⭐ **小贴士**

醋熘口味，醋和糖的比例很重要。为了兼顾口味和营养，这里对调料比例进行了调整。

🍽 开水白菜

材料

大白菜心 250 克。

调料

盐 3 克，胡椒粉 1 克，清汤 300 克。

做法

1 大白菜心洗净，撕成片。

2 锅置大火上，加入清水、盐、胡椒粉烧沸，放入大白菜心焯至断生，捞出过凉，沥干水分，装入汤碗中。

3 锅中加入清汤，烧沸，倒入装有白菜心的汤碗中，上笼略蒸即可。

🍽 清炒莜麦菜

材料

莜麦菜 250 克。

调料

盐、香油各少许。

做法

1 莜麦菜洗净，切段备用。

2 锅内放油烧热，放入莜麦菜翻炒至熟，加盐、香油调味即可。

蒜蓉蒸丝瓜

材料

丝瓜 1 根，大蒜 20 克。

调料

红辣椒末 5 克，盐 2 克，香油少许。

做法

1 丝瓜洗净，去皮，切厚圆片装盘；大蒜去皮，切末。

2 炒锅倒油烧热，下入一半蒜末炒成黄色，盛出，与剩下的蒜末和盐拌匀，撒在丝瓜片上。

3 蒸锅中倒入水烧开，放入丝瓜片，大火蒸约 6 分钟，取出，加入红辣椒末、香油即可。

小贴士

丝瓜易出水，可以在烹饪前加点盐，杀出水来再做。一般出水较多的蔬菜都可以用这个办法。

蒜蓉西蓝花

材料

西蓝花 300 克，蒜蓉 20 克。

调料

盐、香油、酱油各少许。

做法

1 西蓝花洗净，掰成小朵，焯至断生。

2 油锅烧热，下入蒜蓉炒香，下入西蓝花炒熟，调入盐、酱油、香油，炒匀即可。

小贴士

这里的做法是先焯再炒，既可以节省烹饪时间，也能减少用油量。不易熟的蔬菜都可以用这个方法。

🍲 清炒芦笋

材料

芦笋 300 克，枸杞子 5 克。

调料

盐少许，蒜片、香油各 4 克。

做法

1 芦笋洗净，去老茎，切条。

2 锅上火倒油，放入蒜片爆香，下芦笋条煸炒至变色，调入盐，起锅前淋香油、点
　缀枸杞子即可。

🍲 茼蒿双笋

材料

茼蒿 300 克，玉米笋、鲜笋各 50 克，熟白芝麻 5 克。

调料

姜丝、蒜末各 5 克，酱油 3 克，盐、香油各少许。

做法

1. 茼蒿择洗净，切段；鲜笋去皮，洗净，切丝；玉米笋切丝。上述食材分别焯水至断生，捞出沥干备用。

2. 锅中放油烧热，放入姜丝、蒜末炒香，下入茼蒿段、玉米笋丝、鲜笋丝翻炒至熟，加盐、酱油、香油炒匀，撒上熟白芝麻即可。

莴笋炒蒜薹

材料

莴笋200克，蒜薹100克，红彩椒、黄彩椒各半个。

调料

盐2克，香油少许。

做法

1 莴笋取茎洗净，去皮，切长条；蒜薹洗净，切段；彩椒洗净，去子，切长条。

2 锅内放油烧热，倒入莴笋条、蒜薹段、彩椒条，翻炒近熟时，放盐、香油调味，继续炒熟即可。

小贴士

这道菜的食材都不"吃油"，所以一定要控制用油量，以免影响口感。

芹菜炒香干

材料

芹菜 350 克，香干 100 克。

调料

葱花、料酒各 5 克，盐、香油各少许。

做法

1 芹菜择洗净，剖细，切长段；香干洗净，切条。

2 锅内放油烧热，炒香葱花，下入芹菜段翻炒几下，放入香干条、料酒、盐炒匀，出锅前淋香油即可。

★ 小贴士

这里并没有将香干先过油，而是直接烹饪，这样做可以减少热量摄入，更有利于减脂。

荷兰豆炒豆干

材料

荷兰豆 300 克，豆腐干 150 克，红彩椒 20 克，鲜百合、干黄豆各 10 克。

调料

盐、酱油、花椒各适量。

做法

1 荷兰豆择洗干净；豆腐干洗干净，切薄片；黄豆泡发，煮熟备用；红彩椒洗净，去子，切片。

2 油锅烧热，放入花椒爆香，加入荷兰豆翻炒至五成熟，加入黄豆、百合、红彩椒片继续翻炒至熟，下入豆腐干、盐、酱油翻炒入味即可。

★ 小贴士

这道菜富含膳食纤维和优质蛋白质，饱腹感强，有助于控糖。

番茄烧豆腐

材料

豆腐 300 克，番茄 100 克。

调料

料酒 5 克，酱油、盐各少许。

做法

1 番茄洗净，去蒂，切块；豆腐洗净，切片。

2 炒锅置火上，倒油烧热，放入豆腐片略炒，加料酒，倒入番茄块、酱油略炒，盖盖焖煮 5 分钟，加盐炒匀即可。

🍲 西葫芦炒口蘑

材料
西葫芦 300 克，口蘑 100 克。

调料
蒜片 5 克，料酒、盐、酱油、香油各少许。

做法
1 西葫芦洗净，去皮，切片；口蘑洗净，切片。
2 油锅烧热，放入蒜片炒香，放入西葫芦片翻炒 1 分钟左右，加入口蘑片、料酒继续翻炒至熟，加盐、酱油、香油调味即可。

🍲 青瓜炒群菇

材料

水发菇类 250 克，黄瓜 100 克。

调料

蒜片、葱花、姜丝各 5 克，盐、酱油、香油各适量。

做法

1 水发菇类入沸水焯烫，捞起，沥水备用；黄瓜洗净，切片备用。

2 油锅烧热，放入葱花、姜丝、蒜片爆香，烹入酱油，下入黄瓜片煸炒，再下入菇类，调入盐翻炒至熟，最后淋入香油即可。

🍁 **小贴士**

菌菇类本身鲜味很足，烹制时不放味精等调料也很美味。

🍲 木耳娃娃菜

材料

娃娃菜 300 克，干木耳 10 克。

调料

蒜片、生抽各 5 克，盐少许。

做法

1 娃娃菜洗净，切片；干木耳用温水泡发，去蒂，撕成小朵，放入沸水中焯烫 2 分钟后捞出备用。

2 锅置火上，倒油烧至七成热，放入蒜片爆香，倒入娃娃菜迅速翻炒，待其变软后倒入木耳，淋上生抽，加入盐翻炒均匀即可。

金针扁豆丝

材料

扁豆 300 克，金针菇 100 克。

调料

盐、料酒各 3 克，红尖椒丝少许。

做法

1 扁豆去老筋后洗净，切丝；金针菇洗净，去根，焯水后捞出。

2 锅内放油烧热，下入红尖椒丝炒香，倒入扁豆丝、金针菇炒匀，加入料酒、盐炒熟即可。

番茄炒鸡蛋

材料

鸡蛋 2 个，番茄 1 个。

调料

葱花、料酒各 5 克，盐 2 克。

做法

1 番茄洗净，去皮，切块；鸡蛋打入碗中，加盐，用筷子充分搅匀。

2 油锅烧热，加入鸡蛋液炒散，加葱花、料酒炒香，下番茄块、盐炒匀即可。

★ 小贴士

炒鸡蛋最好使用不粘锅，待鸡蛋液略凝固后直接下入番茄，而不用先盛出鸡蛋，再炒番茄。这样做可减少用油量。

蛋滑豆角丝

材料

豆角 300 克, 鸡蛋 2 个。

调料

蒜末、葱末各 5 克, 盐 2 克, 香油少许。

做法

1 豆角洗净, 去筋, 斜刀切细丝; 鸡蛋打在碗中, 加少许水, 打匀备用。

2 锅中放油烧热, 下蒜末、葱末爆香, 放豆角丝翻炒 5 分钟, 加盐翻炒均匀, 倒入鸡蛋液, 待蛋液快凝固时, 滑炒几下, 滴入香油即可出锅。

★ 小贴士

鸡蛋加少量水打匀再炒, 可增加鸡蛋的蓬松度, 获得绵软的口感。

肉末蒸蛋

材料
鸡蛋 2 个，肉末 30 克。

调料
葱末 5 克，盐、酱油各少许。

做法

1 鸡蛋磕入碗中，加盐打散，加入肉末、葱末和酱油拌匀，最后加入适量水调匀。

2 将装蛋碗放入蒸锅，中小火蒸 15 分钟，至完全凝固即可。

小贴士

蒸蛋的老嫩程度取决于加水量与蒸蛋时火候的大小。一般鸡蛋液与水的比例为 1∶1，小火慢蒸，蒸出的鸡蛋口感好。

芦笋炒肉

材料

芦笋 250 克，猪里脊 100 克。

调料

葱花、姜末、料酒各 5 克，盐 3 克。

做法

1 猪里脊洗净，切条，放盐、料酒腌 10 分钟；芦笋洗净，切段，焯水备用。

2 锅内放油烧热，下入里脊条滑散，捞出，控油备用。

3 锅留底油烧热，放入葱花、姜末、料酒炒香，下芦笋段、里脊条炒熟，加盐调味即可。

木樨肉

材料

猪肉 200 克，鸡蛋 2 个，黄瓜 100 克，干木耳 5 克。

调料

葱丝 5 克，料酒 10 克，老抽、盐各少许。

做法

1 猪肉洗净，切片，用料酒腌制片刻；黄瓜洗净，斜刀切片；鸡蛋打入碗中搅匀；干木耳泡发，去根，撕小朵。

2 油锅烧热，放入肉片煸炒至变白，盛出备用。

3 锅留底油，倒入鸡蛋液炒散，铲成小块，加入葱丝煸炒出香味，放入肉片、老抽、料酒，翻炒 1 分钟，加入木耳、黄瓜片和鸡蛋块同炒，最后加盐调味即可。

小贴士

这道菜用油量相对较多，但食材多样，营养丰富，适合运动后食用。

杏鲍菇炒肉

材料

杏鲍菇 250 克，猪瘦肉 100 克。

调料

盐、酱油各少许，葱花、姜丝各 5 克。

做法

1 杏鲍菇洗净，切片，入沸水稍烫，捞起，控水备用；猪瘦肉洗净，切片。

2 油锅烧热，下葱花、姜丝炝香，下入瘦肉片煸炒至变色，烹入酱油，下入杏鲍菇片翻炒，调入盐炒匀即可。

双色豆腐

材料

豆腐、猪血各 150 克。

调料

葱花、姜片、蒜片各 5 克，酱油、盐、料酒、香油各少许。

做法

1 豆腐、猪血分别洗净，切块，焯水，沥干备用。

2 锅中放油烧热，放入葱花、姜片、蒜片煸炒出香味，加少量水、料酒，下入豆腐块、猪血块，加酱油、盐、香油调味即可。

双花炒牛肉

材料

菜花、西蓝花各 100 克，牛肉 150 克，胡萝卜 20 克。

调料

蒜末 10 克，姜末 5 克，盐、酱油、料酒各 3 克。

做法

1 菜花、西蓝花用盐水泡洗干净，切小朵；牛肉洗净，横纹切薄片，加盐、料酒、酱油腌制 15 分钟；胡萝卜洗净，切片。

2 锅置火上，倒油烧至五成热，下入牛肉片滑至牛肉变色，捞出沥油。

3 锅内留底油，爆香蒜末、姜末，下入菜花、西蓝花、胡萝卜片炒至八成熟，加入牛肉片、料酒、盐炒熟即可。

黑椒牛肉

材料

牛肉200克，洋葱、柿子椒各60克。

调料

黑胡椒碎、蚝油各3克，料酒、酱油、盐各适量。

小贴士

烹饪过程中加少许柠檬汁，味道更好。这道菜用了蚝油、酱油、盐，都带咸味，如果想要更健康，也可以不放盐。

做法

1 牛肉洗净，用刀背拍松后切片，加入料酒、黑胡椒碎调匀，腌制15分钟。

2 洋葱洗净，切片；柿子椒洗净，去蒂除子，切片。

3 锅中倒油烧热，放入牛肉滑炒至微微变色，倒入蚝油、酱油，下入洋葱片和柿子椒片炒入味，加盐调味即可。

萝卜炖羊肉

材料

羊肉 300 克，白萝卜 150 克。

调料

料酒、姜片、香菜段、盐、胡椒粉各适量。

小贴士

白萝卜先焯水有助于去掉萝卜的生臭味。

做法

1　羊肉洗净，切小块，放入加了料酒的水锅中焯烫片刻，捞出沥干；白萝卜洗净，切小块，略焯水后捞出。

2　将羊肉块、姜片放入锅内，加适量水，大火烧开后改用小火炖煮 1 小时，放入白萝卜块炖煮至熟，放入香菜段、胡椒粉、盐，略煮即可。

子姜炒羊肉

材料
羊肉 250 克，嫩姜、柿子椒各 50 克，韭黄 30 克。

调料
料酒、酱油各 10 克，盐 3 克。

小贴士

有的人做这道菜时会加入蚝油、甜面酱等，这样做出的菜肴口味太重，不利于控压控糖。

做法

1 羊肉洗净，切丝，加料酒、盐拌匀；嫩姜洗净，切丝；柿子椒洗净，切丝；韭黄洗净，切段。

2 油锅烧热，下入羊肉丝炒散至变色，加入嫩姜丝、柿子椒丝、韭黄段翻炒至熟，倒入酱油炒匀即可。

🍲 西芹鸡丁

材料

鸡胸肉200克，西芹100克，鸡蛋清1个。

调料

盐少许，酱油、料酒各10克，姜片、葱段各5克。

做法

1 鸡胸肉洗净，切丁，用盐、料酒、鸡蛋清腌好；西芹洗净，切段。

2 锅内放油烧至七成热，炒香葱段、姜片，下鸡丁、西芹段翻炒，放酱油炒熟，最后加盐调味即可。

🍲 芙蓉鸡片

材料

鸡胸肉200克，火腿20克，冬笋、油菜心各30克，鸡蛋清1个。

调料

盐少许，胡椒粉1克。

做法

1 鸡胸肉洗净，切片，加盐、鸡蛋清调匀成糊状；火腿、冬笋洗净，切薄片；油菜心洗净备用。

2 油锅烧热，下入鸡片炒至变色，加火腿片、冬笋片略炒，加适量清水稍烩，下油菜心，加盐、胡椒粉收汁即可。

平菇鸡丁

材料
鸡胸肉、平菇各 200 克。

调料
蒜片 5 克，大料 1 个，盐 2 克。

做法
1 鸡胸肉洗净，切丁；平菇洗净，切块。
2 锅中放油烧至五成热，下蒜片、大料炒香，放入鸡丁，翻炒至变色，放入平菇块，加适量水，大火烧开后转小火炖 15 分钟，加盐调味即可。

冬菜蒸鸭

材料

净光鸭 1 只，冬菜 50 克。

调料

腐乳汁适量，料酒 10 克，盐少许，姜片、
葱段各 5 克。

小贴士

冬菜本来就有咸味，所以制作过程
中酌情减少盐量。

做法

1 净光鸭切块，备用；冬菜洗净，沥干切碎；腐乳汁加料酒、盐、少量水调匀成
　味汁。

2 净光鸭放入大碗中，加姜片、葱段，入锅蒸约 1 小时后取出，加入冬菜碎，浇上
　味汁，上锅再蒸约 1 小时至熟即可。

🍲 青椒炒鸭片

材料

柿子椒（即青椒）150 克，鸭胸肉 200 克，鸡蛋清 1 个。

调料

料酒 10 克，盐、水淀粉各适量。

做法

1 鸭胸肉洗净，切薄片，加入鸡蛋清、水淀粉、盐，拌匀上浆；柿子椒洗净，去蒂除子，切片。

2 锅置火上，放油烧热，将鸭片下锅滑散，加入料酒、少许水烧开，倒入柿子椒片翻炒，加盐调味即可。

🍲 鲫鱼蒸蛋

材料

鲫鱼 1 条，鸡蛋 2 个。

调料

酱油、香油各少许。

做法

1 鲫鱼治净，在鱼身两边各划几刀，入沸水焯一下，捞出，平放入盘中。

2 鸡蛋磕入碗中，加清水搅匀，倒入放有鲫鱼的盘中，入笼蒸 8~10 分钟，待鱼熟、蛋液凝固后出锅，淋入酱油、香油即可。

蒜香三文鱼

材料

三文鱼 1 块（200 克），芹菜叶 30 克，西蓝花、菜花、胡萝卜各适量。

调料

蒜末、香菜末各 15 克，盐 2 克，柠檬汁 5 克，白胡椒粉 3 克，黄油 5 克，柠檬片 1 片。

做法

1　三文鱼用盐、柠檬汁、白胡椒粉腌制 40 分钟备用；芹菜叶洗净，切碎；西蓝花、菜花、胡萝卜分别洗净，切块，煮熟；将蒜末、芹菜叶末、香菜末、黄油（加热化开）、盐拌匀制成调味酱。

2　把腌制好的三文鱼煎熟，抹上调味酱，放入烤箱以 220℃烤熟，用西蓝花块、菜花块、胡萝卜块、柠檬片装饰装盘即可。

小贴士

这里用到了黄油，是为了增加口感，但要控制用量。如果想更利于减脂，可以换成橄榄油。

姜味鳕鱼

材料

鳕鱼 200 克。

调料

盐、香油、酱油各少许，料酒、醋各 15
克，姜片 5 克，姜末 20 克，葱花 10 克。

做法

1 鳕鱼洗净，加入盐、料酒、葱花、姜
　片拌匀，腌约 10 分钟，装盘蒸熟。

2 将醋、姜末、酱油、香油混匀，倒在
　鳕鱼上，撒葱花，淋上热油即可。

韭香墨鱼仔

材料

墨鱼仔 250 克，韭菜 150 克。

调料

葱丝、蒜片各 5 克，料酒 10 克，生抽、
盐各少许。

做法

1 墨鱼仔洗净，放入开水稍焯，立即捞
　出；韭菜择洗净，切段。

2 锅中放油烧至五成热，下葱丝和蒜片
　炒香，放入墨鱼仔快速翻炒，倒入料
　酒、生抽炒匀，再放入韭菜段翻炒几
　下，调入盐，炒匀即可。

🍲 海米冬瓜

材料

冬瓜 300 克，海米 20 克。

调料

料酒 5 克，盐少许。

做法

1 冬瓜洗净，去皮除子，切片；海米用水泡发备用。

2 炒锅倒油烧热，放入冬瓜片炒软，盛出。

3 锅留底油，放入料酒、海米炒香，下入冬瓜片，大火翻炒，加适量水烧开，转小
火焖烧至冬瓜透明入味，加盐调味即可。

🍲 黄瓜炒虾仁

材料

虾仁 200 克，黄瓜 100 克，鸡蛋清 1 个。

调料

料酒 10 克，盐少许。

⭐ 小贴士

用纸巾把虾仁表面水吸干后上浆，是为了在炒制过程中保持虾仁的完整。这里的黄瓜也可以换成柿子椒、韭菜、西蓝花等时蔬。

做法

1 虾仁洗净，去虾线，用纸巾把虾仁表面的水吸干，加鸡蛋清和料酒，拌匀上浆；黄瓜洗净，切块。

2 锅中放油烧至五成热，放入虾仁滑炒至变色，放入黄瓜块继续翻炒，加盐调味即可。

专题
减脂控糖的小吃零食怎么选

在减脂期嘴馋想要吃零食时，优先选低热量密度、高营养密度的食物，"低油、低糖、低盐、新鲜"是大原则。

"营养密度"指的是食物中单位热量所含重要营养素（维生素、矿物质和蛋白质）的浓度。我们尽量要选那种一口吃下去，获得更多营养、更少热量的零食。

选好零食以后，还要选对时机＋严格控制进食量。

零食可以作为两顿正餐之间的加餐食用。零食摄入热量应占全天总热量的 10%～15%，若按全天摄入 1500 千卡热量计算，则零食的总热量应在 150～225 千卡。

健康零食推荐：希腊酸奶、坚果种子。

①希腊酸奶：相较于普通酸奶，希腊酸奶含有更多的蛋白质和较少的糖分。高蛋白质能让人保持长时间的饱腹感。而低糖则可以最大限度地减少添加糖的摄入。另外，其所含的钙对骨骼健康也有利。

②坚果种子：如杏仁、核桃、南瓜子、葵花子等，其所富含的健康油脂和优质蛋白质不仅有助于维持较长时间的饱腹感，避免过度进食，还有助于控制血糖水平。此外，坚果和种子还富含维生素 E、镁、硒等，对健康颇有益处。

Part5

第五章

汤羹茶饮，
减脂控糖不可少

关于饮品，减脂控糖的你需要知道

乳酸饮料≠酸奶

现在市面上的酸奶种类很多，但在选择时要警惕一种打着"益生菌"旗号出现的"酸奶"，它实际上是乳酸饮料，即重点是"饮料"而不是"酸奶"。

乳酸饮料喝起来酸酸甜甜，但其中糖含量很高，其他营养素含量很低。有些牌子的乳酸饮料含糖量甚至超过了可乐，喝多了非常不利于身体健康，所以在购买时一定要分辨清楚，不要错把乳酸饮料当成酸奶。

先喝汤后喝汤，有讲究

无论是什么汤，重要营养都在"料"上，所以喝汤时别忘了吃"料"。

为了规避发胖的风险，喝汤的时间和顺序很有讲究。俗话说，"饭前先喝汤，胜过良药方"。饭前先喝几口汤，

可以润滑口腔和食管，防止食物刺激消化道黏膜，有利于消化和吸收。同时，还可增强饱腹感，从而抑制摄食中枢，降低食欲。所以，饭前先喝汤比饭后再喝汤更不容易发胖。

"鲜榨"≠健康

现在很多奶茶饮品店都推出鲜榨果汁，打出"纯天然""无添加""更健康"的口号。但实际上，鲜榨果汁并不像人们想象的那样健康。

首先，在榨汁过程中，水果的植物细胞壁被破坏，其中的果糖、葡萄糖游离出来，非常容易被人体吸收，在短时间内引起血糖大幅度波动，增加人体代谢负担。

其次，为了追求更好的口感，榨汁时通常会有"去皮""滤渣"操作，这会减少膳食纤维的摄入，对控糖更不利。

最后，如果是吃完整的水果，比如橙子一般吃 1 个就满足了。但将其榨汁，可能需要 2~3 个橙子才能完成"一杯香甜的橙汁"，身体容易摄入过量糖分，更易发胖，还会使尿酸水平过高。

所以，尽量以吃水果代替喝果汁。

减脂控糖优选汤羹

番茄小白菜豆腐汤

材料
北豆腐 250 克，番茄 1 个，小白菜 200 克。

调料
姜末、盐各少许。

做法

1 豆腐洗净，切块；番茄洗净，切片；小白菜洗净，切碎。

2 锅置火上，放油烧热，放入姜末爆炒，放入番茄片炒软，放入豆腐块翻炒片刻，加水煮 10 分钟，放入小白菜煮沸，加入盐调味即可。

🍲 豆芽豆腐汤

材料

黄豆芽 200 克，北豆腐 100 克。

调料

盐、葱花、香油各适量。

做法

1 黄豆芽洗净去根；豆腐洗净，放入加盐的水中焯烫后捞出，切块。

2 炒锅置火上，放油烧热，放入黄豆芽炒出香味，加适量水，中火烧开。

3 待黄豆芽酥烂时，放入豆腐块，小火慢炖 10 分钟，加入盐、葱花、香油即可。

🍲 木耳冬瓜汤

材料

冬瓜 300 克，干木耳 10 克。

调料

姜片 5 克，盐、香油各适量。

做法

1 冬瓜洗净，去皮除子，切片；干木耳泡发，撕小朵。

2 锅中倒入适量水，放入冬瓜片、姜片，煮 10 分钟，放入木耳，继续煮 5 分钟，加盐、香油调味即可。

🍲 菌菇豆苗汤

材料

鲜草菇、杏鲍菇各 50 克，干松蘑 30 克，豌豆苗 80 克。

调料

盐、葱末、香油各少许。

做法

1 干松蘑泡发后洗净，切片；草菇、杏鲍菇、豌豆苗洗净，杏鲍菇切片。

2 锅置火上，倒入清水烧开，放入草菇、松蘑片、杏鲍菇片煮 5 分钟，下豌豆苗，调入盐、葱末、香油煮开即可。

🍲 海带排骨汤

材料

排骨 300 克，鲜海带 150 克。

调料

葱段 10 克，姜片 5 克，醋、盐各少许。

做法

1 排骨洗净，切小块，入冷水锅，水开后撇去浮沫，捞出；海带洗净，切片。

2 锅中放适量水，加入葱段、姜片和排骨块，大火烧开，倒入醋，中火煮 30 分钟，放入海带片，小火煮 1 小时，加盐调味即可。

⭐ **小贴士**

煲肉类汤最好冷水下锅，这样蛋白质能充分分解，汤的味道会更鲜美。

香菇荸荠瘦肉汤

材料
猪瘦肉 200 克，荸荠、鲜香菇各 50 克。

调料
姜片 10 克，料酒、盐各少许。

做法
1 猪瘦肉洗净，切片；荸荠去皮，洗净；香菇洗净，切块。
2 锅内倒入适量清水，放入瘦肉片、荸荠、香菇块、姜片、料酒，大火煮开，改小
　火煲约 2 小时至熟，加盐调味即可。

鸡丝芦笋汤

材料

芦笋 150 克，鸡胸肉 100 克，金针菇 50 克。

调料

盐、姜丝、料酒各适量。

做法

1 鸡胸肉洗净，用盐、料酒腌 20 分钟，下锅焯至变色后捞出沥干，撕成丝；芦笋洗净，切长段；金针菇去根，洗净。

2 将鸡丝、芦笋段、金针菇、姜丝一同放入锅中，加适量清水，大火烧沸后，加盐调味即可。

薏米煲鸭汤

材料

鸭肉 300 克，薏米 40 克。

调料

姜丝、料酒各 5 克，盐少许。

做法

1 鸭肉洗净，切块，放入煲中，加适量水大火烧开，去血沫，捞出沥干；薏米提前泡水 4 小时，洗净备用。

2 煲中加入冷水、料酒、姜丝，放入鸭肉块和薏米，煮开后小火煲 1 小时，加盐调味即可。

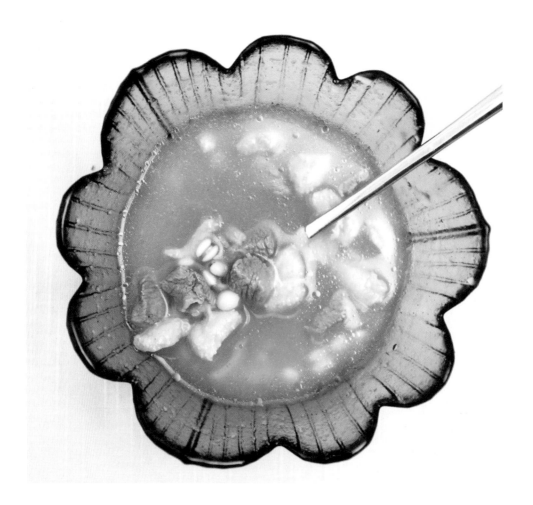

杏鲍菇蛋汤

材料

杏鲍菇 150 克，鸡蛋 1 个。

调料

盐、葱花、香油各少许。

做法

1 杏鲍菇洗净，切丝；鸡蛋打散。

2 锅上火倒油，葱花爆香，下入杏鲍菇丝稍炒，倒入适量水，倒入鸡蛋液煮熟，调入盐、香油即可。

🍲 紫菜海米鸡蛋汤

材料

紫菜 5 克，海米 15 克，鸡蛋 1 个。

调料

葱花、姜末各 5 克，盐、香油各少许。

做法

1 紫菜洗净撕碎，海米洗净，将紫菜、海米放入碗中，加清水浸泡；鸡蛋打散成蛋液。

2 锅置火上，放油烧热，放入葱花、姜末爆香，倒入适量水烧开，淋入鸡蛋液搅散，当蛋花浮起后放入紫菜和海米煮熟，加香油、盐调味即可。

🍲 韭菜鸭血汤

材料

鸭血 250 克，菠菜、韭菜各 100 克。

调料

红彩椒丝少许，盐、酱油、料酒、香油各适量。

做法

1 鸭血洗净，切片，下入放有料酒的水中焯烫，捞出；菠菜、韭菜分别洗净，切段。

2 将菠菜段入沸水中焯一下，与鸭血片一同放入锅中，加适量水煮熟，加酱油、盐、香油略煮，放入韭菜段即关火，撒红彩椒丝即可。

豆芽海带鲫鱼汤

材料

鲫鱼1条，黄豆芽200克，干海带20克。

调料

姜丝、葱丝各5克，料酒10克，酱油、盐、醋各适量。

做法

1 鲫鱼去鳃、鳞、内脏，洗净，在鱼身两侧打花刀；黄豆芽洗净，沥干备用；干海带用温水泡发，洗净，切片。

2 锅置火上，加适量清水烧开，将鲫鱼放入焯一下，捞起，沥干。

3 锅内放油烧热，放入姜丝、葱丝爆香，加适量水、酱油、料酒、醋，大火煮开，放入鲫鱼、黄豆芽、海带片，用小火炖15分钟，加盐调味即可。

🍲 牡蛎蘑菇汤

材料

净牡蛎肉 150 克，蘑菇 80 克，紫菜 3 克。

调料

姜片 5 克，盐、香油各少许。

做法

1 牡蛎肉略洗；蘑菇洗净，切块。

2 锅中加适量水烧沸，下蘑菇块、姜片煮约 20 分钟，下牡蛎肉、紫菜煮熟，加盐、香油调味即可。

减脂控糖优选茶饮

山楂柠檬饮

材料

干柠檬片 20 克，干山楂片 10 克。

做法

将柠檬片、山楂片放入茶壶中，加入开水，泡 20 秒钟，倒掉。重新加入开水，泡 10 分钟即可。

小贴士

如果觉得太酸，可以加适量冰糖调味，但要注意用量。

枸杞甜叶菊饮

材料

甜叶菊 5 克, 枸杞子 10 克。

做法

将甜叶菊和枸杞子放入茶壶中, 倒入开水, 泡 10 秒钟, 倒掉水。重新加入开水, 闷 15 分钟即可。

小贴士

甜叶菊味甜, 但对控制血糖、血压有益。喜欢喝甜饮但又怕血糖升高的朋友不妨用它代替碳酸饮料或市售甜饮料。

 木瓜牛奶饮

材料
木瓜半个，牛奶250克。

做法

1 木瓜洗净，去皮除子，
切块，放入榨汁机中
搅打成稠糊状。

2 将牛奶倒入榨汁机中，
一起打匀即可。

李香蛋奶饮

材料

李子2个，熟蛋黄1个，牛奶250克。

做法

1 李子洗净，去核，切丁。

2 将全部材料放入榨汁机内，搅打2分钟即可。

小贴士

这款饮品营养丰富，适合作为早餐和运动餐食用。

高纤燕麦豆饮

材料

燕麦 40 克，干黄豆 30 克。

做法

1 黄豆、燕麦分别洗净，提前浸泡一晚。

2 将泡好的黄豆和燕麦放入豆浆机中，加水至上下
水位线之间，按下开关，打至豆浆机提示做好
即可。

★ 小贴士

如果想增加口感，可以
加入适量原味酸奶。

☕ 消脂绿豆饮

材料

莴笋 50 克，绿豆 200 克。

做法

1 绿豆洗净，煮熟备用；莴笋洗净，去皮，切块，煮熟备用。

2 将绿豆、莴笋放榨汁机中，加入适量饮用水，打成汁即可。

Part6

第六章

不同人群
减脂控糖怎么吃

适合所有人群的减脂控糖饮食原则

清淡饮食，道出减脂控糖的本质

一提起减脂控糖，必然离不开"清淡饮食"。口味重的人更爱吃高脂肪、高热量、高盐的食物。摄入过多脂肪，"入大于出"，体内脂肪就开始堆积；吃太咸，过多的钠盐会加重水钠潴留而出现水肿，这些都会导致肥胖。所以，清淡饮食对于减脂控糖的人群，是非常重要的饮食原则。

但是，有的人错把"单一"当"清淡"，觉得天天吃素，顿顿吃水煮菜就是清淡。其实，清淡饮食的前提是均衡多样，先保证营养全面均衡，再说清淡，才是真正的清淡。

细嚼慢咽，可以更好地减脂控糖

细嚼慢咽有助于减肥，这是真的！每口咀嚼 20 ~ 30 下，可以极大地减慢进食速度，在同样的用餐时间里减少进食量。

此外，细嚼慢咽还可以使大脑及时发出"吃饱"的信号，从而更好地控制食欲，减少热量摄入。

改变进餐顺序，减脂控糖更容易

一般人在进食时很少考虑进餐顺序，都是什么爱吃就先吃什么。其实，进餐顺序对血糖和饱腹感的影响很大。

先吃富含水分和膳食纤维的蔬菜，比如番茄、黄瓜、西蓝花、芹菜等，有助于提高饱腹感，减少热量的摄入。

等吃到三四成饱时再吃高蛋白食物，如鱼肉、去皮鸡肉、瘦畜肉、豆类及豆制品。这些富含蛋白质的食物有助于延缓胃排空时间，更"扛饿"。

等快吃饱时再吃主食，能减少碳水摄入量，有助于控制总热量。

水肿虚胖型减脂控糖食谱

水肿虚胖通常表现为新陈代谢慢、身体易肿胀、乏力、四肢沉重，多因久坐不动、重口味饮食、睡眠不足等所致。

有的人体重尚可，但脂肪含量高（体脂率超标），即所谓的"柔软的胖子"，也可能是水肿虚胖。

> 饮食原则：
>
> 重在清淡，多选择富含钾的食材，有助于利水消肿，比如薏米、绿豆、红豆、冬瓜、海带、鸭肉等。

燕麦绿豆薏米粥

材料

燕麦、绿豆各 30 克，薏米 60 克。

做法

1. 燕麦、绿豆、薏米分别洗净，用水浸泡 4 小时。
2. 将所有材料一起放入锅中加水同煮，煮沸后转小火煮至米豆熟软即可。

🍚 红豆糙米饭

材料

糙米 150 克，红豆 40 克，
大米 50 克。

做法

1 大米、糙米、红豆分别洗净，用水浸泡 2 ~ 3 小时。

2 把大米、红豆和糙米一起倒入电饭锅中，倒入适量
水，按下"蒸饭"键，蒸至电饭锅提示米饭蒸好
即可。

⭐ **小贴士**

煮饭时的食材搭配可以
多样化，比如玉米粒、
绿豆、薏米、红薯等自
由组合，比白米饭更有
助于减脂利尿。

🍲 双丝拌海带

材料

水发海带 200 克，柿子椒、红彩椒
各 50 克，熟白芝麻 5 克。

调料

醋 10 克，姜末 5 克，酱油、盐、
香油各少许。

做法

1 海带洗净，切丝，焯水，捞出沥
干；柿子椒、红彩椒洗净，去蒂
除子，切丝，分别焯水，捞出过
凉，沥干备用。

2 海带丝、柿子椒丝、红彩椒丝装
盘，放入姜末、盐、酱油、醋、
香油拌匀，撒入熟白芝麻即可。

🍲 素炒苋菜

材料

苋菜 400 克。

调料

蒜末 10 克，盐、香油各少许。

做法

1 苋菜洗净，切段。

2 锅内放油烧热，放入蒜末爆香，
加苋菜段翻炒至熟，调入盐、香
油即可。

🍲 玉竹沙参焖老鸭

材料

老鸭 1 只，玉竹、沙参各 30 克，枸杞子 5 克。

调料

姜片 10 克，葱段 15 克，胡椒粉、盐各少许，料酒
适量。

⭐ **小贴士**

痛风患者在急性发作
期不建议食用这道菜。

做法

1 老鸭治净，斩成块，焯水；玉竹、沙参洗净，切段；枸杞子清水浸泡。

2 汤锅置火上，加水，放入老鸭块、姜片、葱段、料酒烧沸，下玉竹段、沙参段，
改小火焖约 2 小时至鸭肉软熟，捞出姜片、葱段，放盐、胡椒粉调味，点缀枸杞
子即可。

冬瓜鲤鱼汤

材料

鲤鱼 1 条，冬瓜 150 克，小油菜 50 克。

调料

姜片、料酒、盐各适量。

★ 小贴士

冬瓜和鲤鱼都是利水消肿的好食材，此汤可以利尿减肥、清热补虚。

做法

1 鲤鱼剖洗干净，切花刀；冬瓜洗净，去皮除子，切片；小油菜洗净。

2 锅置火上，加入适量清水烧开，放入鲤鱼、姜片、料酒，烧开后撇去浮沫，放入冬瓜片，用中火继续烧 10 分钟，放入盐、小油菜煮 2 分钟即可。

肉多实胖型减脂控糖食谱

肉多实胖通常表现为膀大腰圆，自觉身体很"硬"、很结实，腹部赘肉有弹性不松垮。肉多实胖多因不控制饮食所致，"大胃王"很容易导致这类型肥胖。

> 饮食原则：
>
> 控制进食量是关键。增加富含膳食纤维的食物，如菠菜、香菇、海带、西蓝花等，同时补充优质蛋白质以提高基础代谢。

🍚 荷叶薏米粥

材料

干荷叶、陈皮各 10 克，薏米 30 克，大米 60 克。

做法

1 干荷叶放入锅中，加适量清水煮约 15 分钟，去渣取汁；薏米、大米分别洗净，薏米提前浸泡 4 小时；陈皮洗净，泡软后切丝。

2 锅中倒入荷叶汁和适量清水，加入陈皮丝、薏米、大米，大火煮沸后转小火熬煮成粥即可。

⭐ **小贴士**

如果觉得口感不佳，可以放甜叶菊一同煮粥，可以改善口感。

🍲 海米拌菠菜

材料

菠菜 300 克，海米 25 克。

调料

盐、醋、香油、姜末各适量。

做法

1 菠菜择洗净，放在沸水中焯熟，捞出过凉，切长段；海米用水泡透，沥干备用。

2 菠菜、海米中调入盐、醋、香油、姜末，拌匀即可。

🍲 香菇烧丝瓜

材料

丝瓜 400 克，干香菇 15 克。

调料

姜末、料酒各 5 克，盐、香油各适量。

🌟 小贴士

丝瓜易出水，可以在炒前加点盐，先杀出水来再炒。

做法

1 干香菇洗净，泡发后切片。泡香菇的水放置一旁沉淀。

2 丝瓜洗净，去皮，切片；姜末加水浸泡，取其汁。

3 锅置火上，放油烧热，倒入姜汁略烹，放入料酒、香菇水、盐略煮，放入香菇片、丝瓜片烧至熟透，大火收汁，淋入少许香油即可。

🍲 三鲜蒸豆腐

材料

嫩豆腐 1 块（约 250 克），
鲜香菇、虾仁、胡萝卜各
50 克。

调料

胡椒粉、盐、香油各少许。

⭐ 小贴士

这里的配菜选择用胡
萝卜替换更常见的火
腿，有利于减脂控糖。

做法

1 嫩豆腐扣在盘里，用刀划小块；香菇、胡萝卜分别
  洗净，切丁；虾仁洗净，去虾线，切小丁。

2 香菇丁、虾仁丁、胡萝卜丁中加入盐、胡椒粉，拌
  匀备用。

3 将豆腐放入蒸锅，把三丁放在豆腐上，中火隔水蒸
  5 分钟，出锅后滴入香油即可。

🍲 清蒸鳝鱼

材料

鳝鱼 500 克。

调料

盐、酱油各少许，料酒、葱丝、姜丝各 5 克。

做法

1 鳝鱼宰杀洗净，调入盐、酱油、料酒腌 10 分钟。

2 将鳝鱼放入盘内，撒入葱丝、姜丝，入沸水蒸锅蒸熟即可。

⭐ **小贴士**

这道菜高蛋白、低脂。鳝鱼骨较多，会使人被动减慢进食速度，对于控制食量、补充营养均有益。

🍚 冬瓜海带汤

材料

冬瓜 200 克，鲜海带 50 克。

调料

盐、料酒各少许，葱段、姜片各 5 克。

做法

1 冬瓜洗净，去皮除子，切块；海带洗净，切丝。

2 油锅烧热，将姜片煸香，放入冬瓜块、海带丝、料酒翻炒 2 分钟，加水，大火烧沸，加入葱段，改小火烧至冬瓜透明，加入盐即可。

素食人群减脂控糖食谱

素食人群最常出现的问题是缺优质蛋白质、铁、钙、维生素 B_6、维生素 B_{12} 等，易导致身体虚弱、贫血、脱发、抵抗力差等问题。

饮食原则：

增加大豆及其制品的摄入，以补充优质蛋白质、钙；多吃原味坚果，以补充钙、铁、锌及 B 族维生素；多吃深色蔬菜，可以补充维生素 C，还能促进铁吸收。日常可多选择非淀粉类蔬菜，同时搭配优质脂肪及蛋白质，保证足够的营养和热量，才是素食者减脂控糖的正确方式。

豆腐韭菜素包

材料

面粉 200 克，豆腐 150 克，韭菜 100 克，酵母 2 克。

调料

盐少许，葱花 5 克。

做法

1 豆腐洗净切丁；韭菜择洗净，切末；酵母用水化开。

2 面粉中加入酵母水和适量清水，揉成光滑的面团，醒发备用。

3 豆腐丁中加入韭菜末、少许油、盐、葱花，拌匀制成馅。

4 面团搓成细条，揪成面剂，擀成面皮，包入调好的馅，包成包子，入蒸锅蒸熟即可。

🥗 红菊苣橙香牛油果沙拉

材料

藜麦、红菊苣、芝麻菜各 30 克，紫甘蓝、橙子各 100 克，牛油果 1 个，柠檬半个，酸奶 50 克。

调料

黑醋 15 克，橄榄油 10 克，盐 1 克，白糖 3 克，欧芹碎适量。

做法

1 黑醋、橄榄油、盐、白糖放入碗中，挤入柠檬汁，调成料汁。

2 紫甘蓝洗净，撕片；红菊苣、芝麻菜洗净备用；橙子去皮除子，切片；藜麦煮熟，捞出控干；牛油果洗净，去皮除核，切片。

3 紫甘蓝片放入烤盘中，淋上橄榄油，放入 200℃烤箱烤 10 分钟左右，取出。

4 所有食材放入沙拉碗中，倒入料汁拌匀，撒上欧芹碎，淋上酸奶即可。

🌸 **小贴士**

素食人群容易缺乏蛋白质、优质脂肪、铁、B 族维生素，这道菜里的蔬菜可以提供丰富的维生素和矿物质；牛油果可以提供蛋白质和优质脂肪，增加饱腹感；藜麦可提供蛋白质，非常适合素食人群。

🍲 雪菜炒毛豆

材料

毛豆 200 克，雪菜 80 克。

调料

葱末 10 克，香油、盐各少许。

做法

1 毛豆剥壳，取豆粒；雪菜洗净，切碎。

2 锅中加水，放入盐，下毛豆粒焯熟，
　捞出沥干。

3 锅内倒适量油烧热，放入葱末炒香，
　下入雪菜碎翻炒，放入毛豆粒翻炒
　匀，调入盐、香油即可。

⭐ **小贴士**

雪菜本来就有咸味，也可以不放盐。

荷塘小炒

材料

莲藕150克，荷兰豆、胡萝卜各100克，荸荠20克，干木耳5克。

小贴士

食材焯后再炒，既可以去涩味，又可以减少用油量。

调料

蒜末5克，盐、醋各适量。

做法

1 干木耳泡发，洗净，撕小朵；莲藕、胡萝卜、荸荠分别洗净，去皮，切片；荷兰豆洗净，去老筋。

2 将胡萝卜片、木耳、藕片、荷兰豆分别放入沸水中迅速焯一下，捞出过凉，沥干。

3 锅内放油烧至七成热，放蒜末炒香，放入所有材料，快速翻炒2分钟，加盐、醋调味即可。

🍲 苋菜笋丝汤

材料

苋菜100克，冬笋80克，胡萝卜50克，鲜香菇2朵。

调料

盐、姜末、香油各适量。

做法

1 苋菜洗净；冬笋去皮洗净，切细丝，焯水后沥干备用；胡萝卜洗净，切丝；香菇洗净，切丝。

2 油锅烧热，煸香姜末，放胡萝卜丝略炒，倒适量清水烧开，放入冬笋丝、香菇丝、苋菜略煮，加盐调味，淋上香油即可。

五谷豆浆

材料

黄豆 40 克，黑豆、绿豆、红豆、核桃各 15 克。

做法

将所有食材洗净，浸泡 4 小时后放入豆浆机中，加适量水打成豆浆即可。

⭐ 小贴士

打好的豆浆不要过滤，营养更丰富。

专题
男女减脂控糖不一样

男性和女性由于生理上的差别，导致代谢率、激素水平和脂肪分布有所不同，因此二者在减脂控糖时的侧重点也不太一样。

男性

女性

男性更容易出现内脏脂肪堆积，表现为苹果形体形，即向心性肥胖：四肢较瘦，大腹便便。这种体形更容易导致胰岛素抵抗，影响血糖和代谢。

男性通常应酬较多，工作压力大，对烟酒的摄入也更多。这种状态下，想要取得较好的减脂控糖效果，在饮食方面需要做到适度限能的高蛋白饮食。在选择动物性食物时，建议多倾向于鱼虾和去皮禽肉，而不是五花肉、肥牛等脂肪含量高的肉类。同时增加富含膳食纤维的蔬菜和豆制品的摄入，每天补充足量水分，以促进代谢。

女性更容易出现皮下脂肪堆积，表现为梨形体形。再加上女性自身特点，比如生理期、更年期等特殊时期会让身体内分泌紊乱，从而影响减脂控糖。此外，女性对身材通常有更高的要求，有时会出现因过度节食减肥导致肌肉量不足、易疲劳的情况。

所以女性在减脂控糖时，首先要避免过度节食。日常饮食需要增加优质蛋白质食物的摄入，比如瘦肉、大豆制品、鱼虾、蛋奶等，不要刻意躲避脂肪。在特殊时期多选择富含铁、叶酸的食物。